Marco Hahn
UNIVERSAL
RATGEBER
PHOTOVOLTAIK
Basiswissen zu
Solarenenergie und
Batteriespeichern

Norddeutsche Solar & Ingenieurgesellschaft mbH
Ritterstraße 1
26122 Oldenburg
Deutschland

Lager und Büro
Tannenkrugstrasse 33a
26180 Rastede

0441 209 629 70
info@norddeutsche-solar.de
www.norddeutsche-solar.de

Herausgeber

Marco Hahn, Jahrgang 1971, ist einer der geschäftsführenden Gesellschafter der Norddeutschen Solar und Ingenieurgesellschaft mbH in Oldenburg (Niedersachsen). Als TÜV-zertifizierter Meisterbetrieb setzen wir Solaranlagen für Privat- und Großkunden präzise, professionell und nordisch fair um. Norddeutschland ist unsere Heimat. Solaranlagen sind unsere Leidenschaft.

Inhaltsverzeichnis

VORWORT

Marco Hahn,
Geschäftsführer Norddeutsche Solar

Deine neue Solaranlage ist Vertrauenssache.

Willkommen in unserem Universalratgeber Photovoltaik, einem umfassenden Buch rund um das Thema Solarenergie – von der Theorie bis zur Praxis. Ich danke dir herzlich für den Kauf des Buches und deine Zeit. In eine Solaranlage zu investieren, ist wohl die beste Entscheidung die du als Hausbesitzer im Moment treffen kannst. Lass mich kurz erklären, weshalb ich dieser Überzeugung bin. Zum Einen sind die Energiepreise unberechenbar geworden. Etwas unabhängiger von Strom- oder Gasversorgern zu werden und gleichzeitig auch noch Kosten zu sparen, ist ein wichtiger Aspekt. Andere wollen so autark wie möglich sein, um sich zum Beispiel bei einem Stromausfall selbst versorgen zu können. Darüber hinaus ist auch der Umweltgedanke wichtig: CO_2-Emissionen einsparen durch selbst auf dem Dach produzierten, grünen Sonnenstrom. Und damit nicht nur dir selbst, sondern auch dem Klima etwas Gutes tun.

Warum aber überhaupt Solarenergie? Ganz einfach: Es gibt keine bessere, erneuerbare Energieform. Solarenergie ist völlig geräuschlos, unauffällig, wartungsfrei und erzeugt im Betrieb keinerlei Emissionen. Die Sonne liefert pro Jahr kostenlos eine unvorstellbare Energiemenge von $1{,}5 \times 10^{18}$ kWh auf die Erde. Das ist ein Vielfaches unseres Weltenergiebedarfes.

Dein Kompass für eine sichere Navigation durch die Photovoltaik

Der Markt für Solaranlagen boomt wie noch nie. Viele Großkonzerne und Massen von Vertrieblern sind unterwegs und wollen mitmischen. Die Ursprünge der Norddeutschen Solar und Ingenieurgesellschaft, die ich zusammen mit meinen Partnern Heinz und Stefan leiten darf, liegen in einem großen Ingenieurbüro. Seit über 20 Jahren planen wir mit unserem Team in Oldenburg private und gewerbliche Solaranlagen von der kleinen Dachanlage bis in den Megawatt-Bereich sowie Umspannwerke für Energieversorger in Deutschland und Europa.

Falls Du dieses Buch in Norddeutschland liest und noch keine Solaranlage hast, freuen wir uns natürlich über eine Anfrage. Aber auch wenn du dir einfach nur überlegst, von wem du deine Anlage aufbauen lässt oder einfach Interesse am Thema Solarenergie hast, möchte ich dir einen Einstieg in eines der schönsten Themen an die Hand geben. Dieses Buch versteht sich als Einstiegslektüre. Wir beginnen mit den Basics zu den Potenzialen und der Funktionsweise von Photovoltaik sowie dem Nachhaltigkeitsaspekt und arbeiten uns schließlich vor zu Expertentipps zu einzelnen Komponenten und praktischen sowie finanziellen Fragestellungen. Das gesamte Thema Photovoltaik ist in seiner Tiefe komplex und insbesondere bei großen Projekten sehr technisch und mit vielen Paragraphen und Regelungen gespickt. Da freuen sich unsere Ingenieure.

Für den privaten Solarnutzer ist es mittlerweile aber sehr einfach und unkompliziert geworden, auf seinem Dach oder seiner Freifläche selbst grünen Strom zu produzieren. Viele frühere Hürden sind glücklicherweise entfallen, auch wenn wir selbstverständlich in Deutschland eine Neigung zu Bürokratie haben. Mit diesem Buch möchte ich einen Beitrag dazu leisten, dass Deutschlands Dächer die Energie der Sonne zukünftig noch besser nutzen.

Deine neue Solaranlage ist Vertrauenssache. Wer kommt aufs Dach? Wer macht die Elektrik? Wer macht die Anmeldungen? Wie sauber und schnell geht das? Kleiner Tipp: Macht der Anbieter seine Arbeit mit Herzblut? Funktioniert immer!

Eine Solaranlage ist heute so preisgünstig und so einfach zu erwerben wie noch nie zuvor. Dieses Buch soll aufzeigen, worauf du achten solltest, wenn du mit einem Anbieter sprichst, damit du viele Jahre Freude an deiner neuen Anlage hast, unabhängiger bist und natürlich auch jede Menge CO_2 einsparst. Für Dich, für deine Kinder und für deren Kinder.

Marco Hahn
Geschäftsführer Norddeutsche Solar GmbH

MIT SONNEN-ENERGIE ZUR GRÜNEN WENDE

Nachhaltigkeit und Unabhängigkeit dank Photovoltaik

Mit Sonnenenergie zur ökologischen Wende

In einer Zeit der klimatischen Herausforderungen bildet die Sonnenenergie einen Schlüssel zur ökologischen Wende. Angesichts der schwindenden fossilen Ressourcen und des voranschreitenden Klimawandels ist der Übergang zu regenerativen Energiequellen kein Kann, sondern ein Muss. **Photovoltaik**, die Umwandlung von Sonnenlicht in elektrische Energie, nimmt dabei eine zentrale Rolle ein.

Photovoltaik
Umwandlung von Sonnenlicht in elektrischen Strom mittels Solarzellen.

Solarstrom überzeugt durch Nachhaltigkeit: Er erzeugt während des Betriebs keine Emissionen, reduziert den CO2-Ausstoß und verbraucht dank Dach- und Fassadenmontage kaum Fläche. Die Technologie ermöglicht dir eine unabhängige Energieversorgung im eigenen Zuhause und verringert dadurch die Abhängigkeit von großen Energiekonzernen. Die Photovoltaik spielt daher eine entscheidende Rolle für eine umweltfreundliche Zukunft. Sie ist nicht nur ein Symbol für technologischen Fortschritt, sondern auch ein praktischer Schritt in Richtung eines nachhaltigen, unabhängigen Energiezeitalters.

Mit regenerativer Energie zur grünen Zukunft

Unsere Welt befindet sich in fragilen klimatischen Umständen. Das haben uns die vergangenen Jahre in alarmierender Deutlichkeit vor Augen geführt. Extreme Schwankungen von Temperatur und Niederschlag sind zu einer neuen Normalität geworden. Deutlich sind die Auswirkungen des menschengemachten Klimawandels, der sich sowohl regional als auch global bemerkbar macht. Die Sommertemperaturen steigen immer weiter an, was nicht nur für längere und intensivere Hitzeperioden sorgt, sondern auch für anhaltende Dürre in verschiedenen Regionen der Erde. Diese wiederum führen zu Wasserknappheit und beeinträchtigen die Landwirtschaft, was die Lebensmittelversorgung gefährdet und die Preise in die Höhe treibt.

Gleichzeitig erleben wir vermehrt Starkregenereignisse, die zu verheerenden Überschwemmungen führen. Ganze Landstriche werden überschwemmt, Häuser zerstört, Existenzen bedroht. Die Zunahme von Sturmereignissen verursacht ebenfalls immense Schäden und fordert Menschenleben. Parallel dazu beobachten wir weltweit eine Zunahme von Waldbränden, die durch die trockenen und heißen Bedingungen befeuert werden. Diese Brände zerstören nicht nur Wälder und Lebensräume, sondern tragen auch zur Luftverschmutzung und weiteren **CO2-Emissionen** bei. Ein weiteres alarmierendes Zeichen des

CO2-Emissionen
Freisetzung von
Kohlendioxid in die
Atmosphäre, meist
durch Verbrennung
fossiler Brennstoffe.
Fördert den Treib-
hauseffekt.

Klimawandels ist die Gletscherschmelze an den Polen. Dies führt zu einem Anstieg des Meeresspiegels, der küstennahe Gebiete bedroht und ganze Inselstaaten in ihrer Existenz gefährdet.

Die indirekten Folgen des Klimawandels sind ebenso gravierend. Die bedrohte Biodiversität, das Aussterben von Arten und die Zerstörung von Ökosystemen haben weitreichende Konsequenzen für die Natur und letztendlich auch für den Menschen. Darüber hinaus führen die klimatischen Veränderungen zu vermehrten Flüchtlingsströmen. Menschen, die ihre Heimat aufgrund von Dürren, Überschwemmungen oder anderen klimabedingten Katastrophen verlassen müssen, suchen anderswo Schutz und eine neue Existenz. Dies verstärkt globale soziale und politische Spannungen und stellt eine zusätzliche Herausforderung für die internationale Gemeinschaft dar. Die Dringlichkeit, auf diese klimatischen Veränderungen zu reagieren, könnte nicht größer sein. Es bedarf globaler Anstrengungen und nachhaltiger Lösungen, um diesen Herausforderungen zu begegnen und eine lebenswerte Zukunft für nachfolgende Generationen zu sichern.

Neue Energiequellen für ein neues Zeitalter

Die Existenz und die Auswirkungen des menschengemachten Klimawandels sind uns allen bekannt. Dass ein dringender Handlungsbedarf besteht, wird regelmäßig in der Wissenschaft sowie auf den großen globalen Klimagipfeln bestätigt. Doch wie sehen potenzielle Auswege aus der drohenden Klimakatastrophe aus? Welchen Beitrag können Politik und Industrie, aber auch du als einzelner Bürger, zu einer grünen Wende leisten? Denn positive Veränderungen beginnen auch im Kleinen.

Die Energieversorgung ist ein zentraler Aspekt in der Gestaltung einer umweltfreundlichen und klimaneutralen Zukunft. Eine der größten Herausforderungen unserer Zeit ist der Übergang von **fossilen Rohstoffen**, wie Kohle, Öl und Gas, zu nachhaltigeren Energiequellen. Fossile Rohstoffe sind nicht nur endlich, sondern ihre Verbrennung ist auch einer der Hauptverursacher von Treibhausgasemissionen, die zur globalen Erwärmung beitragen. Gleichzeitig steigt der weltweite Energiebedarf kontinuierlich an, getrieben durch Bevölkerungswachstum und steigenden globalen Wohlstand, insbesondere in Entwicklungs- und Schwellenländern in Afrika und Asien.

Fossile Energieträger
Natürliche Ressourcen wie Kohle, Öl und Gas, die durch Verbrennung Energie freisetzen. Sind nicht erneuerbar.

In diesem Kontext haben erneuerbare, auch **regenerative Energiequellen** genannt, ein enormes Potenzial, die Energieversorgung nachhaltig zu gestalten. Wasserkraft, Biomasse und Windenergie sind bereits etablierte Formen der Energiegewinnung, die sich zunehmender Beliebtheit erfreuen. Besonders hervorzuheben ist jedoch die Photovoltaik, sprich die Energiegewinnung aus Sonneneinstrahlung. Photovoltaik bietet den einzigartigen Vorteil, dass sie auf einer unendlich verfügbaren Energiequelle basiert: der Sonne. Im Gegensatz zu fossilen Brennstoffen stößt sie bei der Energiegewinnung

Regenerative Energie
Energiequellen, die sich selbst erneuern. Wind, Sonne, Biomasse und Wasser sind umweltfreundlich und unerschöpflich.

keine CO2-Emissionen aus und trägt somit aktiv zur Reduzierung der Treibhausgasemissionen bei.

Doch damit nicht genug: Die Photovoltaik bietet auch eine flexible und skalierbare Lösung für die Energieversorgung. Sie kann sowohl in groß angelegten Solarparks als auch in kleinen, dezentralen Einheiten, wie Solarpanels auf Hausdächern, eingesetzt werden. Dies ermöglicht es, auch abgelegene oder unterentwickelte Regionen mit Strom zu versorgen, ohne auf eine zentrale Stromversorgung angewiesen zu sein. Durch die kontinuierliche Verbesserung der Technologie und die sinkenden Kosten von Solarpanels wird Photovoltaik zunehmend zu einer wettbewerbsfähigen und attraktiven Energiequelle weltweit.

Angesichts dieser Vorteile ist klar, dass die Förderung von Photovoltaik und anderen erneuerbaren Energien entscheidend ist, um die globale Energieversorgung nachhaltig zu transformieren und die Ziele einer klimaneutralen Zukunft zu erreichen. Dies erfordert jedoch nicht nur technologische Innovationen, sondern auch politische Rahmenbedingungen, die Investitionen in erneuerbare Energien fördern und den Übergang von fossilen Brennstoffen erleichtern.

Das beeindruckende Potenzial der Photovoltaik in Deutschland

Das Potenzial der Photovoltaik in Deutschland ist beeindruckend. Bereits jetzt ist sie ein unverzichtbarer Bestandteil unseres Strommixes geworden, doch ihr volles Potenzial ist noch lange nicht ausgeschöpft. Expertenschätzungen zufolge könnte die Gesamtleistung von Photovoltaik allein in Deutschland bis zu 1000 **Gigawatt** (GW) erreichen, wenn alle verfügbaren und geeigneten Dach- und Fassadenflächen sowie brachliegende Bodenflächen konsequent genutzt werden würden. Diese Zahl verdeutlicht das immense Potenzial: Die Nutzung dieser Flächen für Photovoltaikanlagen könnte deutlich mehr als den derzeitigen deutschen Strombedarf decken – allein durch die Energie der Sonne.

Watt (Leistung)
Maßeinheit für Leistung. Beschreibt die Rate, mit der Energie, in diesem Fall elektrischer Strom, pro Zeiteinheit umgesetzt wird.

Um den derzeitigen Primärenergiebedarf von Deutschland, welcher im Jahr 2020 etwa 3.200 Terawattstunden entsprach, zu decken, müssten lediglich etwa 5% der Fläche mit Photovoltaikanlagen belegt werden. Dies zeigt, wie effizient und wirkungsvoll die Nutzung von Solarenergie sein kann. Allerdings ist zu beachten, dass Sonnenenergie in unseren Breiten nicht konstant verfügbar ist. Wetterbedingungen und Jahreszeiten beeinflussen die Intensität und Dauer der Sonneneinstrahlung, was zu Schwankungen in der Energieproduktion führen kann.

Daher ist es wichtig, einen Mix aus verschiedenen erneuerbaren Energiequellen anzustreben, um eine zuverlässige und beständige Energieversorgung sicherzustellen. Insbesondere die Kombination von Photovoltaik und Windkraft sowie entsprechender **Energiespeicher** erscheint vielversprechend. Während Photovoltaikanlagen an sonnigen Tagen Höchstleistungen erbringen, können Windkraftanlagen auch bei bedecktem Himmel oder nachts Energie erzeugen. Diese komplementäre Nutzung der beiden Energiequellen trägt dazu bei, die Schwankungen in der Energieverfügbarkeit auszugleichen.

Insgesamt bietet die Photovoltaik in Deutschland ein enormes Potenzial, nicht nur zur Deckung des heimischen Strombedarfs, sondern auch als wichtiger Baustein einer nachhaltigen, umweltfreundlichen Energiezukunft auf globaler Ebene. Durch die Integration von Photovoltaik in ein breiteres Netzwerk erneuerbarer Energiequellen kann Deutschland seinen Weg zu einer vollständig nachhaltigen Energieversorgung weiter vorantreiben. Dies würde nicht nur die Abhängigkeit von fossilen Brennstoffen verringern, sondern auch zur Reduzierung von CO_2-Emissionen und zum Klimaschutz beitragen.

Photovoltaik – ein Blick in die Geschichte

Photovoltaik ist keineswegs eine Erfindung der letzten Jahre. Der **Photovoltaische Effekt**, der die Basis für die moderne Energiegewinnung aus Sonneneinstrahlung bildet, wurde bereits im Jahr 1839 vom Physiker Alexandre Edmond Becquerel entdeckt. Becquerels Entdeckung bildete wiederum die Grundlage für weitere Forschung zum Phänomen, dass Lichteinfall in elektrische Spannung umwandelt werden kann.

Die Entwicklung der Photovoltaik ist eng mit der Forschung in der Physik verknüpft. Ein wesentlicher Schritt war Einsteins Lichtquantentheorie von 1905, die das Verständnis der Licht-Materie-Wechselwirkung revolutionierte. Diese Theorie bildete eine weitere wissenschaftliche Grundlage für die Photovoltaik. Ein anderer entscheidender Faktor war die Verfügbarkeit von reinem Silizium, dem Hauptbestandteil von **Solarzellen**. In den 1950er Jahren führten diese Entdeckungen zur Produktion der ersten Solarzellen – jedoch nur mit einem **Wirkungsgrad** von 6%. Auch wenn die ersten Solarzellen nicht sonderlich effizient waren, fanden sich kurze Zeit später bereits technische Anwendungen für die neue Technologie, zum Beispiel in Telefonverstärkern und Belichtungsmessern, die bei Fotografen Anwendung fanden.

Photovoltaischer Effekt
Umwandlung von Licht in elektrische Energie in Halbleitermaterialien. Grundlage der Photovoltaik-Technologie.

Solarzelle
Bauelement, das Sonnenlicht direkt in elektrische Energie umwandelt. Sie ist grundlegender Bestandteil einer Photovoltaikanlage.

Wirkungsgrad
Verhältnis der nutzbaren Energieausbeute zur eingesetzten Energie.

In den 60er und 70er Jahren machte die Photovoltaik insbesondere in der Satellitentechnik und Raumfahrt große technologische Fortschritte. Auch für stromnetzunabhängige Anwendungen wie Taschenrechner und Uhren wurde sie in diesem Zeitraum eingesetzt. Trotz dieser Fortschritte blieb die Photovoltaik zunächst ein Nischenmarkt. Dies änderte sich jedoch dramatisch, als das Bewusstsein für die problematischen Folgen der Atomkraft und die Nuklearkatastrophen in Harrisburg und Tschernobyl die Weltöffentlichkeit erschütterten. Diese Ereignisse führten zur intensiveren Erforschung von Photovoltaik zur Energiegewinnung im großen Stil.

Mein alter TI-31
mit Solarzellen

Von wissenschaftlicher Neugier zum Eckpfeiler der Energieversorgung

Um Photovoltaik von der Forschung und industriellen Anwendung auch auf die Dächer von Endverbrauchern zu bringen, starteten 1990 mit dem 1000-Dächer-Programm die Marktförderungen für Photovoltaik in Deutschland. Es gab finanzielle Förderung für Photovoltaik-begeisterte Verbraucher, insbesondere durch die **Kreditanstalt für Wiederaufbau (KfW)**. Das Jahr 2000 markierte einen weiteren Wendepunkt mit der Einführung des **Erneuerbare-Energien-Gesetzes (EEG)**, das den Ausbau erneuerbarer Energien stark förderte.

Der sogenannte Solardeckel, eine Förderobergrenze für Photovoltaik, die im Jahr 2017 zur Bremsung der EEG-Förderung eingeführt wurde, wurde 2020 im Zuge des beschlossenen Kohleausstiegs infolge des Pariser Klimaabkommens wieder abgeschafft. Parallel dazu verbesserte sich die Kosten- und Leistungseffizienz bei der Entwicklung und Herstellung von PV-Modulen stetig. Heute wird in Europa bereits mehr als 50% des Gesamtstroms aus erneuerbaren Energien gewonnen – mit steigender Tendenz und großem Anteil der Photovoltaik.

Aktuell gibt es in Deutschland mehr als 2 Millionen PV-Anlagen mit einer Gesamtleistung von 53 Gigawatt im Peak sowie 230.000 Speichersysteme, so eine Hochrechnung des Bundes-

Kreditanstalt für Wiederaufbau (KfW)
Deutsche Förderbank, die wirtschaftliche Entwicklung und Umweltschutz unterstützt. Vergibt Kredite an Unternehmen und Privatpersonen, insbesondere im Bereich Photovoltaik.

Erneuerbare-Energien-Gesetz (EEG)
Deutsches Gesetz zur Förderung erneuerbarer Energien. Ziel: Erhöhung des Anteils erneuerbarer Energien am Gesamtenergieverbrauch.

verbandes Solarwirtschaft (BSW) Anfang 2021. Diese beeindruckenden Zahlen zeigen, dass Photovoltaik nicht nur aus ökologischer, sondern auch aus wirtschaftlicher Sicht eine tragfähige und zukunftsorientierte Energiequelle ist. Ihre Bedeutung wird in den kommenden Jahren im Rahmen der Energiewende weiter zunehmen.

Die Photovoltaik hat sich von einer wissenschaftlichen Neugier zu einem Eckpfeiler der globalen Energieversorgung entwickelt. Dabei ist die Geschichte der Photovoltaik nicht nur eine Geschichte des technischen Fortschritts, sondern auch eine der gesellschaftlichen Transformation. Sie ist ein Zeugnis dafür, wie Innovationen, getrieben durch wissenschaftliche Neugier und ökologisches Bewusstsein, die Art und Weise, wie wir Energie erzeugen und nutzen, grundlegend verändern können. In dieser Hinsicht ist die Photovoltaik ein Paradebeispiel für den Weg in eine nachhaltigere und unabhängigere Zukunft.

Aufbau und Funktionsprinzip der Solarzelle

Licht erzeugt Energie. Ein Blick in die Natur verdeutlicht dies: Die Photosynthese, die Grundlage des Pflanzenwachstums, nutzt Licht, um Nahrung und Sauerstoff zu erzeugen und dient so als primäre Energiequelle des Lebens. Auch für den Menschen ist Licht essenziell, denn es liefert Wärme und ist somit Lebensgrundlage. Solare Strahlung, bestehend aus direkter Sonneneinstrahlung sowie diffuser oder reflektierter Strahlung vom Erdboden, variiert je nach Ort und Wetterbedingungen und bietet damit ein facettenreiches Energiespektrum.

Von natürlichem Silizium zur funktionalen Solarzelle

Im Kontext der Energiegewinnung aus Licht spielt die Photovoltaik eine zentrale Rolle. Photovoltaikmodule, zusammengesetzt aus vielen einzelnen Solarzellen, können auf zwei unterschiedliche Arten hergestellt werden. Während klassische Solarmodule aus **Silizium** durch ihre quadratischen Zellen auffallen, bieten **Dünnschichtmodule**, die mit einem speziellen Material beschichtet sind, eine homogene Fläche. Bifaziale Module, eine Kombination aus beiden Herstellungsweisen, nutzen die Energie sowohl von der Vorder- als auch von der Rückseite, wodurch sie eine höhere Effizienz erreichen.

Silizium
Chemisches Element, das in der Halbleitertechnologie verwendet wird und Hauptbestandteil von Solarmodulen ist.

Dünnschichtmodule
Photovoltaikmodule aus dünnen Schichten photovoltaischer Materialien. Weniger Siliziumbedarf, flexibel und leicht.

Aufgrund ihrer Leistungsstärke dominieren heute Siliziummodule den Markt. Silizium, das zweithäufigste Element in der Natur, muss zunächst aus Verbindungen wie Sand oder Quarz extrahiert werden, damit es für die Herstellung von Solarzellen genutzt werden kann. Dies geschieht durch Erhitzung, Verflüssigung und anschließendes Erstarren. Aus diesem Prozess entsteht reines Silizium als Ausgangsmaterial für Solarrohzellen, die auf zwei verschiedene Arten hergestellt werden können. Bei polykristallinem Silizium wird das Material geschmolzen und in würfelförmige Blöcke (Ingots) gegossen, die wiederum in hauchdünne Scheiben geschnitten werden. **Monokristalline Solarzellen**, die sich durch eine andere Zellstruktur, einen höheren Wirkungsgrad und eine effizientere Produktionsweise auszeichnen, sind heute auf dem Markt vorherrschend. Ihre Herstellung ähnelt dem Prozess des Kerzengießens: Aus flüssigem Silizium entstehen säulenförmige Einkristalle, die in quadratische Formen mit abgerundeten Ecken geschnitten werden. Angeordnet in einem Raster, das durch die abgerundeten Ecken das ikonische Rautenmuster entstehen lässt, bilden sie das Herzstück der Photovoltaikmodule.

Grundlegend für die Funktionsweise von Solarzellen ist das Donor-Akzeptor-Prinzip, welches für die Umwandlung von Licht in elektrische Energie verantwortlich ist. Eine Solarzelle besteht typischerweise aus zwei Schichten von **Halbleiter**materialien mit unterschiedlichen elektrischen Eigenschaften: einer Donor-Schicht (N-Typ) und

Monokristalline Solarzellen
Solarzellen aus einem einzigen Siliziumkristall, auch Einkristall genannt. Sie bieten hohe Effizienz und gleichmäßige Optik.

Halbleiter
Materialien mit spezifischen elektrischen Leitfähigkeiten. Grundlage für elektronische Bauteile wie Transistoren und Solarzellen.

einer Akzeptor-Schicht (P-Typ). Der N-Typ-Halb-leiter hat einen Überschuss an negativen Ladungs-trägern, sprich Elektronen, während der P-Typ-Halbleiter positive Ladungsträger aufweist. Wenn Licht auf die Solarzelle trifft, werden Elektronen aus den Atomen gelöst und bewegen sich zur N-Typ-Schicht, während die Löcher zur P-Typ-Schicht wandern. Diese Bewegung erzeugt einen Fluss von Elektrizität, der als Strom genutzt wird.

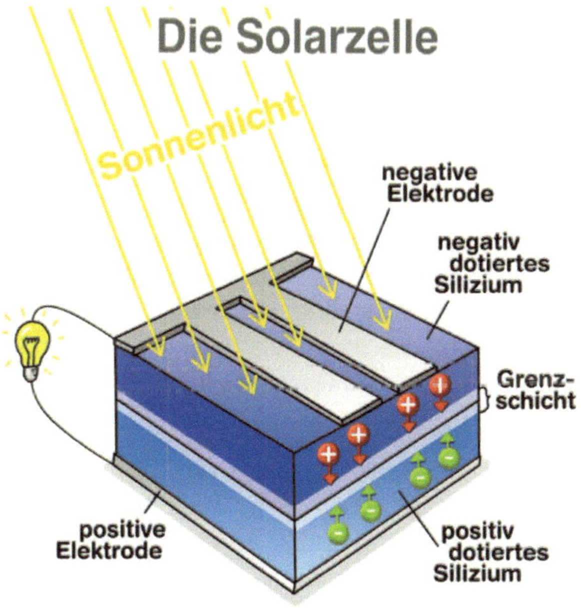

Das Donor-Akzeptor-Prinzip
einer kristallinen Solarzelle

Neben Silizium kommen auch andere Zelltechnologien wie Folienlaminate und organische Zelltechnologien zum Einsatz, allerdings sind diese seltener anzutreffen. Diese alternativen Technologien bieten spezifische Vorteile, wie Flexibilität und leichteres Gewicht, sind jedoch in der Regel weniger effizient als die herkömmlichen Silizium-basierten Lösungen.

Der Prozess der Energiegewinnung mit Photovoltaik

Silizium spielt als Halbleiter eine zentrale Rolle in der Photovoltaik. Das chemische Element ermöglicht die Erzeugung freier Ladungsträger, also Elektronen, durch zugeführte Energie, in unserem Fall die Sonneneinstrahlung. Das ständige elektrische Feld, das im Inneren einer jeden Solarzelle vorherrscht, wird durch die Lichteinstrahlung verändert, wodurch elektrische Spannung entsteht. Die in einer einzelnen Zelle erzeugte Spannung und Leistung sind relativ klein, daher werden viele Zellen miteinander verschaltet, um die Gesamtleistung zu erhöhen.

Texturierung
Veränderung der Oberflächenstruktur der Solarzelle mit dem Ziel, mehr Lichtausbeute und einen höheren Ertrag zu erreichen.

Damit die Solarzelle auf Basis von Silizium messbaren Strom erzeugen kann, sind jedoch einige Modifikationen notwendig. Um die Effizienz der Solarzellen zu maximieren, wird die Oberfläche der Siliziumzellen **texturiert**, um mehr Licht einzufangen. Zusätzlich wird auf der Vorderseite eine Schicht aus Phosphor aufgetragen, um die elektrischen Eigenschaften zu optimieren. Eine wichtige Komponente ist die Antireflexschicht, die auf der Oberfläche der Solarzelle aufgebracht wird und ihr die charakteristische, dunkelblaue Optik verleiht. Diese Schicht reduziert die Reflexion des einfallenden Lichts und erhöht die Menge des absorbierten Lichts. Die Kontakte auf der Vorder- und Rückseite, hergestellt aus leitender Silberpaste und Stromleiterbändchen, sorgen dafür, dass der erzeugte Strom abgeleitet werden kann.

Um die Solarzelle gegen äußere Umstände wie Witterungseinflüsse oder mechanische Beanspruchung zu schützen, wird sie mit einer Glasscheibe und einer hochtransparenten Schutzfolie bedeckt. Eine Dichtung aus Gummi oder Silikon und ein allumfassender Aluminiumrahmen sorgen für zusätzlichen Schutz und Stabilität. Das fertige Produkt, der Glas-Zellen-Folienverbund, ist das, was wir als Solarmodul kennen. Diese Module haben in der Regel Standardabmessungen von etwa 1,70 x 1,10 Meter und eine Leistung von rund 400 Watt.

Diese Solarmodule bilden die Bausteine für größere Photovoltaikanlagen. Sie können auf Hausdächern, in Solarparks oder auf industriellen Gebäuden installiert werden, um umweltfreundliche Energie zu erzeugen. Durch ihre Modularität sind sie flexibel einsetzbar und können an verschiedene Standorte sowie Flächen- und Energiebedürfnisse angepasst werden.

Die Technologie hinter Solarmodulen ist das Ergebnis jahrzehntelanger Forschung und Entwicklung. Heutige Solarmodule sind nicht nur effizienter in der Energieumwandlung, sondern auch langlebiger und widerstandsfähiger gegen Umwelteinflüsse. Fortschritte in der Materialwissenschaft und in der Produktionstechnik haben dazu geführt, dass die Kosten für Solarmodule in den letzten Jahren stark gesunken sind, was sie zu einer immer attraktiveren Option für die Energieerzeugung macht.

Stand der Technik: Ein aktuelles Solarmodul
hier: Glas-Glas-Black von Bauer Solartechnik

Nachhaltigkeit von Photovoltaik

Photovoltaik gilt allgemein als eine der umwelt- und klimaschonendsten Technologien zur Energiegewinnung. Sie nutzt die Sonne als regenerative Energiequelle und verhindert dadurch CO_2-Emissionen, die entscheidend für das Voranschreiten des Klimawandels sind. Die Betriebskosten von Photovoltaikanlagen sind dabei vergleichsweise gering. Obwohl der Betrieb der Anlagen selbst emissionsfrei ist, lassen sich Treibhausgasemissionen durch Produktion, Transport und Montage der Solarmodule nicht vollständig vermeiden. Diese Emissionen sind jedoch, rein rechnerisch betrachtet, nur ein sehr geringer Anteil.

Sonnige Aussichten: Die Umweltfreundlichkeit der Photovoltaik

Die Energiebilanz von Photovoltaikanlagen fällt insgesamt extrem positiv aus. Untersuchungen aus dem Jahr 2011 zeigen, dass sich eine PV-Anlage je nach Standort energetisch nach nur einem bis drei Jahren amortisiert. In dieser Rechnung wird der gesamte Energieverbrauch für Herstellung, Produktion und Montage gegen die gewonnene Solarenergie aufgerechnet. Mit einer Lebensdauer von etwa 30 Jahren pro Solarzelle ergibt sich eine positive Energiebilanz – die investierte Energie wird vierzehn- bis dreißigfach zurückgewonnen.

Nachhaltige Nutzung: Recycling und Flächeneffizienz von Photovoltaikanlagen

Ein zusätzlicher Vorteil von Photovoltaik ist, dass sie häufig auf Dachflächen errichtet wird, was keinen zusätzlichen Flächenverbrauch bedeutet. Außerdem ist die Recyclingquote von Solarmodulen hoch, da alle enthaltenen Materialien und Metalle wiederverwertet werden können. Die Recyclingquote für Photovoltaikmodule liegt heute bei 80 Prozent, was durch die 2012 auf Photovoltaik angepasste EU-Richtlinie zum Elektroschrott sichergestellt wird. In Deutschland gewährleistet das Elektro- und Elektronikgerätegesetz (ElektroG), dass ausgediente Photovoltaikanlagen ordnungsgemäß zurückgegeben werden.

Eine kleine Schattenseite der Photovoltaik liegt in der Produktion: Für die Herstellung wird Reinstsilizium benötigt, dessen Gewinnung aufwendig ist und pro Kilogramm etwa 19 Kilogramm Reststoffe erzeugt. Diese Herausforderung zeigt, dass trotz der vielen Vorteile der Photovoltaik, wie der Vermeidung von CO_2-Emissionen und der positiven Energiebilanz, bei der Produktion von Solarzellen noch Optimierungspotenzial besteht.

Zukunft der Photovoltaik: Weiterentwicklung und Optimierung

Dennoch bleibt die Bilanz der Photovoltaik überwältigend positiv. Zukünftige Innovationen in der Produktionstechnologie und im Recycling könnten die Umweltauswirkungen weiter reduzieren und die Effizienz der Photovoltaik erhöhen. Mit fortschreitenden Forschungen und Entwicklungen wird die Photovoltaik weiterhin eine tragende Säule der nachhaltigen Energieversorgung darstellen. Ihre Rolle im Kampf gegen den Klimawandel und für eine umweltfreundliche Zukunft ist unbestritten und zeigt das enorme Potenzial erneuerbarer Energien auf.

Insgesamt steht die Photovoltaik für eine saubere, effiziente und nachhaltige Energiegewinnung. Sie ist ein Schlüssel in der Transformation hin zu einer umweltbewussteren und nachhaltigeren Gesellschaft. Die stetige Verbesserung und Weiterentwicklung in diesem Bereich wird weiterhin dazu beitragen, dass Photovoltaik als eine der führenden grünen Technologien an der Spitze der erneuerbaren Energien steht.

Unabhängige Energieversorgung mit Solarenergie

Stell dir vor, du wachst jeden Morgen auf und weißt, dass dein Zuhause mit grüner, selbst produzierter Energie versorgt wird. Mit Photovoltaik (PV) ist das nicht nur eine Vision, sondern eine greifbare Realität. Als Endverbraucher hast du mit Photovoltaik die perfekte Option, um eine autarke Energieversorgung zu erreichen. Unabhängig und dezentral, bietet sie dir die Freiheit, deine eigene grüne Energie direkt aus deinem Zuhause zu beziehen.

Die Stärke der Photovoltaik liegt in ihrer Flexibilität. Sie benötigt keine großen Anlagen, um betrieben zu werden. Das bedeutet, dass du selbst in kleinem Maßstab, ob mit einer klassischen Dachanlage oder einem **Balkonkraftwerk**, deine eigene Energieversorgung aufbauen kannst. Stell dir vor, du generierst deinen Strom direkt zuhause– eine kleine Revolution in deinem Alltag.

Balkonkraftwerk
Kleine, portable Photovoltaikanlage für Balkone. Ermöglicht Stromerzeugung in städtischen oder begrenzten Räumen.

Die Vorteile einer unabhängigen Energieversorgung mit Photovoltaik sind vielfältig. Zunächst bist du unabhängig von schwankenden Strompreisen. In einer Welt, in der Energiekosten ständig steigen, gibt dir das eine finanzielle Stabilität. du bist auch unabhängig von der politischen Lage. In Zeiten angespannter politischer Verhältnisse, wie beispielsweise dem Krieg zwischen Russland und der Ukraine, wird die Energieversorgung oft zum Spielball politischer Interessen. Mit deiner eigenen Solaranlage bist du von diesen Unwägbarkeiten befreit.

Ein weiterer Punkt ist die finanzielle und allgemeine Sicherheit. Indem du deinen eigenen Strom erzeugst, schützt du dich vor unvorhersehbaren Energiepreisschwankungen und erhöhst deine Unabhängigkeit. Langfristig bedeutet dies eine erhebliche Kostenersparnis. Du wirst Teil einer Bewegung, die aktiv zur Reduzierung von CO2-Emissionen beiträgt und damit die Umwelt schützt.

Die Kombination aus Photovoltaik und Energiespeichern ist dabei der Schlüssel zur zuverlässigen Ganzjahresversorgung. Mit Energiespeichern kannst du überschüssige Energie, die du während sonniger Tage generierst, speichern und in Zeiten geringerer Sonneneinstrahlung nutzen. So bist du nicht nur im Sommer, sondern auch in den weniger sonnigen Monaten bestens mit grünem Strom versorgt.

Stand der Technik:
Energiespeicher
hier: Huawei
Smart ESS Batterie

Auf diese Weise lässt sich problemlos 70 Prozent des im Haushalt eines Einfamilienhauses benötigten Strom autark gewinnen. Ohne die Verwendung eines Energiespeichers sind es immerhin 30 bis 50 Prozent. Eine weitere interessante Möglichkeit ist die Einspeisung von überschüssigem Strom in das allgemeine Stromnetz. Für den Strom, den du nicht selbst verbrauchst, erhältst du eine Einspeisevergütung. Das ist nicht nur finanziell attraktiv, sondern trägt auch dazu bei, das allgemeine Stromnetz mit erneuerbaren Energien zu versorgen.

Die Entscheidung für eine Photovoltaikanlage ist somit mehr als nur eine Investition in die eigene Unabhängigkeit. Sie ist ein aktiver Beitrag zum Umweltschutz und zur Förderung erneuerbarer Energien. In Zeiten globaler Unsicherheit und Umweltkrisen bietet die Photovoltaik eine zuverlässige, nachhaltige und finanziell sinnvolle Lösung für dich und deine Familie. Sie ermöglicht dir nicht nur, deinen ökologischen Fußabdruck zu verringern, sondern auch, eine aktive Rolle in der Gestaltung einer grüneren Zukunft zu spielen.

Behalte bei all deinen Überlegungen zum Thema Photovoltaik immer im Hinterkopf, dass dein Haus eine deiner größten Wertsachen ist. Eine perfekte Solaranlage erhöht den Wert deines Hauses und macht dich unabhängig.

POTENZIALE VON PHOTO-VOLTAIK IM DETAIL

Planung, Instandhaltung und Erweiterungen. Vom Hausdach bis zur Freifläche.

Potenziale von Photovoltaik – vom Hausdach bis zur Freifläche

Photovoltaik bietet eine enorme Chance, den vollständigen Umstieg von fossilen auf erneuerbare Energiequellen Realität werden zu lassen. Doch wie kommt die Photovoltaikanlage auf dein Dach? Und welche anderen Möglichkeiten gibt es, um Solarstrom effizient zu erzeugen, sei es auf dem Balkon, dem Gewerbegebäude oder der Freifläche?

In diesem Kapitel gehen wir den Potenzialen der Photovoltaik für dich als Endverbraucher auf den Grund. Wir zeigen dir, wie die Stromgewinnung, aber auch die Kombination aus Photovoltaik und Elektromobilität sowie der Warmwasserbereitung in der Praxis aussehen kann. Ein besonderer Fokus liegt dabei auf dem Planungsprozess, den wir dir detailliert vorstellen möchten, da er für ausgezeichnete Ergebnisse von elementarer Bedeutung ist. Unsere planerische Kompetenz im Bereich Photovoltaik ermöglicht es uns, der Norddeutschen Solar, exklusive Einblicke in eine gelungene PV-Planung zu geben, damit du auf das Projekt Solaranlage sowie die Zusammenarbeit mit deinem Planungsbüro bestens vorbereitet bist.

Neubau oder Nachrüstung: Photovoltaik in Wohn- und Gewerbegebäuden

Der Neubau eines Ein- oder Mehrfamilienhauses. Die Inbetriebnahme einer gewerblich genutzten Halle. Die Optimierung eines Bestandsgebäudes, das nun um eine Photovoltaikanlage erweitert werden soll. All das sind Szenarien, auf die in der Planungsphase flexibel reagiert werden muss. In den folgenden Abschnitten soll es daher darum gehen, wie eine Photovoltaikanlage professionell geplant und ihr Ertrag gemessen, respektive simuliert, wird. Auf diese Weise erhältst du die Gewissheit, dass der Bau deiner neuen Photovoltaikanlage eine echte Erfolgsgeschichte wird. Und selbst wenn du keinen Zugang zu einer Dach- oder Freifläche hast, etwa als Mieter oder als Besitzer einer Eigentumswohnung, kannst du mithilfe eines Balkonkraftwerks ohne großen finanziellen oder baulichen Aufwand deinen persönlichen Solarstrom genießen.

Auch für Besitzer von Bestandsimmobilien gibt es gute Nachrichten, denn eine Nachrüstung mit Photovoltaik ist grundsätzlich immer möglich. Allerdings ist es in manchen Fällen erforderlich, sich mit den baulichen Eigenheiten des Gebäudes zu arrangieren oder Eingriffe vorzunehmen, die die ordnungsgemäße Installation der PV-Anlage sicherstellen. Auch die Statik des Daches, die Verkabelung und die Zählerverteilung sind Themen, die bei der Planung von Photovoltaikanlagen in Bestandsgebäuden nicht zu kurz kommen sollten. Bei der genauen Bewertung deiner Immobilie steht dir ein professioneller Gutachter oder ein PV-Planungsbüro zur Seite.

Rahmenbedingungen schaffen: Gute Planung als Schlüssel zum Erfolg

Die Planung von Photovoltaikanlagen ist ein entscheidender Schritt auf dem Weg zu einer effizienten, unabhängigen und nachhaltigen Energieversorgung. Mit einer sorgfältigen Planung schaffst du Sicherheit und gibst deinem Projekt eine klare Zielsetzung. Bedenke, dass intakte Solaranlagen eine Lebensdauer von etwa 30 Jahren erreichen können, was die Wichtigkeit einer umfassenden Planung weiter verstärkt.

TÜV
Technischer Überwachungsverein, der Prüfungen für Sicherheit und Qualität technischer Anlagen und Produkte durchführt.

Um eine Photovoltaikanlage erfolgreich zu planen, benötigst du einen kompetenten Partner an Deiner Seite. Idealerweise ist dieser im Ingenieursbereich bewandert und vom **TÜV** zertifiziert. Dies gibt dir die Gewissheit, dass dein Projekt in fachkundigen Händen liegt. Bei der Wahl Deines Partners solltest du auf dein Bauchgefühl, aber auch auf Erfahrungsberichte und Referenzen vertrauen. Die Photovoltaik ist in den letzten Jahren mit der gestiegenen Nachfrage zu einem riesigen Markt mit vielen Anbietern geworden, von großen Konzernen bis hin zu zahlreichen Vertrieblern. Daher ist es umso wichtiger, die richtigen Fachleute für dein Photovoltaik-Projekt auszuwählen.

Die Planung einer Photovoltaikanlage sollte mehrere Kernaspekte umfassen. Zunächst ist eine gründliche Standort- und Gebäudebegutachtung erforderlich, um die spezifischen Bedingungen zu verstehen. Ein wichtiger Faktor sind dabei die Einstrahlung und die eventuelle **Verschattung**, die den Ertrag der Anlage beeinflusst. Die Anlage und ihre Komponenten müssen zudem richtig dimensioniert werden, um optimalen Nutzen zu erzielen. Dazu gehören auch Ertragsabschätzungen und der Einsatz von Simulationsprogrammen, um die zu erwartende Leistung der Anlage zu prognostizieren.

Verschattung
Beeinträchtigung der Sonneneinstrahlung auf Solarzellen durch Hindernisse wie Bäume oder Gebäude.

Standort- und Gebäudeanalyse als Grundlage der PV-Planung

Die Planung einer Photovoltaikanlage beginnt mit einer sorgfältigen Standort- und Gebäudebeurteilung. Eine erste Einschätzung lässt sich oft schon durch Online-Tools wie Google Earth gewinnen, wo grundlegende Informationen über Ausrichtung, Neigung und mögliche Verschattung des Daches eingeholt werden können. Doch der entscheidende Schritt ist das Gespräch mit Deinem Planungsbüro in Form eines Vor-Ort-Termins, bei dem die realen Bedingungen genau analysiert werden.

Ein wesentlicher Aspekt der PV-Planung ist die Klärung der Zuständigkeiten, da die Installation einer Photovoltaikanlage ein gewerkeübergreifendes Arbeiten erfordert. So muss der Zustand des

Daches durch einen Dachdecker geprüft werden, um festzustellen, ob eine Dämmung notwendig ist oder Sanierungsbedarf besteht. Bei der Gebäudestruktur sind die Statik, die Notwendigkeit eines Gerüstbaus, architektonische Aspekte und möglicherweise auch der Denkmalschutz zu berücksichtigen. In einigen komplexen Fällen, etwa wenn die Leistung der Solaranlage 30 kWp übersteigt, kann auch eine Baugenehmigung erforderlich sein.

Die Einbindung einer qualifizierten Elektrotechnik-Fachkraft ist unerlässlich, insbesondere für den AC- und DC-Anschluss des Wechselrichters und den Netzanschluss. Sie stellt sicher, dass die elektrische Sicherheit und der Blitzschutz den Vorschriften entsprechen. Eine PV-Fachkraft übernimmt die Planung und Auslegung der PV-Technik und berät hinsichtlich der Speichertechnik. Bei der Installation einer Photovoltaikanlage darf auch die Schutztechnik nicht vernachlässigt werden.

Eine umfassende Planung beinhaltet auch die Berücksichtigung zukünftiger Erweiterungen oder Anpassungen der Anlage. Die Integration von Smart-Home-Technologien, die Möglichkeit der Fernüberwachung und -steuerung sowie die Berücksichtigung künftiger Entwicklungen sollten in die Überlegungen einfließen.

Maximale Einstrahlung bei minimaler Verschattung

Die Effizienz von Photovoltaikanlagen hängt maßgeblich von der Lichteinstrahlung ab. Um das volle Potenzial einer Anlage auszuschöpfen, ist nicht nur der Standort entscheidend, sondern auch die Neigung und Ausrichtung der Solarmodule. Die optimale Ausrichtung und Neigung variieren je nach geografischer Lage. Eine Süd-Ausrichtung ermöglicht einen Mittagspeak in der Energieerzeugung, während eine Ost-West-Ausrichtung in der Regel eine verbesserte Wirtschaftlichkeit gegenüber einer reinen Südausrichtung bietet, da sie mehr Ertrag in den Morgen- und Abendstunden generiert. Dies erlaubt mehr Nennleistung pro Grundfläche.

Für eine präzise Planung werden dabei computerbasierte Simulationen durch einen Fachmann erstellt. Diese nutzen Einstrahlungskarten, Daten von Dienstleistern und Datenbanken, die über das Internet und spezielle Simulationsprogramme zugänglich sind. Die Genauigkeit dieser Simulationen ist entscheidend für die Prognose des Anlagenertrags – mit einer Präzision von etwa +/- 5 % für detaillierte Vorhersagen und bis zu +/- 10 % für allgemeine Prognosen.

Verschattungen von Solarmodulen können zu großen Einstrahlungs- und Ertragsverlusten führen. Ursachen dafür können Bäume, Nachbargebäude, Schornsteine, Gauben, Antennen, Blitzableiter, Dach- und Fassadenvorsprünge, Erker oder Lüfter-

Optimizer
Gerät zur Leistungs-
optimierung einzelner
Solarzellen in einer
Photovoltaikanlage,
das die Effekte von
Verschattung mindert.

**Selbstreinigungs-
effekt**
Natürliche Reinigung
von Solarmodulen
durch Regen oder
Schnee ab einer
Neigung von 15°.

aufbauten sein. Verschattungsverluste werden vom Planer mit spezieller Software berechnet. Bei kristallinen PV-Modulen können Leistungsoptimierer bzw. **Optimizer** eingesetzt werden, um diesen Verlusten entgegenzuwirken. Temporäre Verschattungen durch Schnee, Schmutz, Laub oder Vogelkot können ebenfalls die Leistung beeinträchtigen. Bei einer Neigung von über 15° kommt dabei der **Selbstreinigungseffekt** moderner Photovoltaikmodule zum Tragen – eine praktische Funktion, um die Leistung der Module dauerhaft hoch zu halten. Dennoch kann in einigen Fällen auch eine professionelle Reinigung notwendig sein, um Verschmutzungen zu entfernen und den maximalen Ertrag der Anlage zu erhalten.

Ein weiterer wichtiger Aspekt ist die Integration der Photovoltaikanlage in das bestehende Energieversorgungssystem. Dazu gehört die Abstimmung mit dem lokalen Stromnetz und möglicherweise die Einbindung in Smart-Home-Systeme. Dies ermöglicht eine effiziente Nutzung der erzeugten Energie und optimiert die Energieflüsse.

Der PV-Planungsprozess im Detail

Der Ablauf der Planung zur Dimensionierung einer Photovoltaikanlage ist ein umfassender Prozess, der sowohl technische als auch wirtschaftliche Aspekte berücksichtigt. Beginnend mit einem Erstgespräch nimmt ein kompetenter PV-Dienstleister deine Wünsche und Bedürfnisse auf und erarbeitet ein passendes Betreibermodell. Hierbei werden deine individuellen Vorstellungen mit den realisierbaren Möglichkeiten im Rahmen deines Budgets in Einklang gebracht. Die Standortsituation wird in der Regel in einem weiteren Termin vor Ort betrachtet, um alle Rahmenbedingungen wie Dachneigung, Ausrichtung und mögliche Verschattungen zu erfassen. Ebenso werden Formalitäten wie Baugenehmigungen oder Netzanschlussbedingungen geklärt.

Die anschließende technische Planung umfasst die Auswahl und Dimensionierung der Komponenten – wie die Typen und Anzahl der Module und Wechselrichter. Hierbei wird ein detailliertes Leistungsverzeichnis erstellt, das alle technischen Spezifikationen und Rahmenbedingungen umfasst. Ein technischer Check folgt, bei dem die Abstimmung aller Komponenten aufeinander und mit den Rahmenbedingungen erfolgt, um ein stimmiges Gesamtsystem zu schaffen. In dieser Phase wird sichergestellt, dass alle Elemente der Anlage optimal zusammenarbeiten und die technischen Anforderungen erfüllen.

Die wirtschaftliche Planung beinhaltet die Analyse der Energieströme in kWh, um die PV-Stromaufteilung zu bestimmen. Zudem werden die Zahlungsströme betrachtet, um passende Erlösmodelle zu entwickeln. Dies umfasst die Berechnung von Rendite, **Amortisationszeit**, Liquiditätsüberschuss und Einsparungen, etwa durch Zuschüsse oder Förderungen. Ziel ist es, eine hohe Eigenversorgungsquote und solare Deckung zu erreichen, um maximale Unabhängigkeit und ökonomi-

Amortisationszeit
Zeitraum, bis eine Investition durch Einsparungen oder Einnahmen amortisiert ist.

schen Nutzen zu gewährleisten. Ein wirtschaftlicher Check prüft und verbessert schließlich das individuelle Konzept deiner PV-Anlage. Nach der finalen Planung folgt die Errichtung der Anlage. Die Inbetriebnahme schließt den Prozess ab und umfasst die Überprüfung aller Systemkomponenten, die Anbindung an das Stromnetz und die finale Abnahme.

Wirtschaftlichkeit und Umweltverträglichkeit als zentrale Aspekte in der PV-Planung

Neben der technischen Planung spielen auch wirtschaftliche Aspekte eine Rolle bei der PV-Planung. Du solltest die langfristige Rentabilität der Anlage berücksichtigen, einschließlich der möglichen Einsparungen bei den Energiekosten und staatlicher Förderungen. Auch die Wartung und mögliche zukünftige Erweiterungen der Anlage müssen bedacht werden. In der Planungsphase ist es zudem wichtig, die rechtlichen Rahmenbedingungen zu beachten. Dazu gehören Baugenehmigungen, Netzanschlussbedingungen und Regelungen zur Einspeisung von überschüssigem Strom ins öffentliche Netz. Eine umfassende Beratung durch Deinen Partner kann hier Klarheit schaffen und hilft dir, unerwartete Hürden zu vermeiden.

Ein weiterer Aspekt, der in der Planungsphase berücksichtigt werden sollte, ist die Umweltverträglichkeit der Anlage. Dazu gehört die Auswahl umweltfreundlicher Materialien und die Berücksichtigung der Auswirkungen auf die lokale Flora und Fauna. Dein Solaranlagen-Partner kann dich auch in Bezug auf das Recycling von Solarmodulen am Ende ihrer Lebensdauer beraten.

Wir von der Norddeutschen Solar wissen, dass jede Photovoltaikanlage ihre eigene Herausforderung darstellt. Jeder Standort, jeder Auftrag und jedes Kundenbedürfnis sind einzigartig. Deshalb ist eine individuelle Herangehensweise erforderlich, um den maximalen Ertrag und ein Höchstmaß an Zuverlässigkeit zu gewährleisten, während gleichzeitig die Investitionskosten minimiert werden.

Zusammenfassend ist die Planung einer Photovoltaikanlage ein komplexer Prozess, der Fachwissen, Sorgfalt und individuelle Berücksichtigung verschiedener Faktoren erfordert. Mit der richtigen Planung und einem vertrauenswürdigen Partner an Deiner Seite kannst du sicherstellen, dass deine Photovoltaikanlage optimal konzipiert ist und du das Maximum aus Deiner Investition herausholen kannst.

Ertragserwartung und Ertragsmessung

Wie viel Strom produziert meine geplante PV-Anlage eigentlich? Diese Frage zählt zu den häufigsten Fragen, die uns Interessierte und Kunden regelmäßig stellen. Die Planung einer Photovoltaikanlage (PV-Anlage) erfordert eine genaue Betrachtung der **Ertragserwartung** und Ertragsmessung.

Ertragserwartung
Geschätzte Energiemenge, die eine Photovoltaikanlage jährlich produziert.

Diese Aspekte sind entscheidend für die Dimensionierung der Anlage, da die erzeugte Strommenge sowohl dem Bedarf entsprechen als auch die Anlage wirtschaftlich machen sollte.

Der spezifische Jahresertrag einer Anlage, also die Gesamtleistung geteilt durch die Anlagengröße, ist ein entscheidendes Maß. In Deutschland variiert dieser je nach Standort und globaler Sonneneinstrahlung typischerweise zwischen 900 und 1100 kWh/kWp. Ein weiteres wichtiges Kriterium zur Beurteilung der Leistungsfähigkeit einer Solaranlage ist die Performance Ratio, die das Verhältnis des tatsächlichen Ertrags zum theoretisch möglichen Sollertrag angibt. Wichtig ist dabei, dass die **Nennleistung** der Module lediglich einen Maximalwert darstellt und in der Praxis oft nicht erreicht wird. Zusätzlich zu berücksichtigen ist die altersbedingte Degradation von PV-Modulen, die pro Jahr zwischen 0,1 und 0,5 Prozent ihrer Leistung einbüßen.

Performance-Monitoring: Wirtschaftlichkeit von Großanlagen sicherstellen

Insbesondere bei Großanlagen ist eine kontinuierliche Überwachung der Performance Ratio von hoher Bedeutung. Selbst kleine prozentuale Abweichungen vom erwarteten Ertrag können bei großen Anlagen zu bemerkbaren wirtschaftlichen Einbußen führen. Vor der Implementierung einer PV-Anlage führt der Planer daher Wirtschaftlichkeitsberechnungen sowie Ertragsprognosen durch. Diese basieren auf Daten der letzten 10 bis 15 Jahre, welche das langfristige Mittel von Einstrahlungen, Erträgen und weiteren relevanten Faktoren widerspiegeln.

Trotz dieser sorgfältigen Planung und Prognose ist es wichtig zu verstehen, dass die letztendliche Leistung der Anlage von vielen Variablen abhängt. Dazu gehören Leistungsverluste durch Verschattungen, Wettervariationen und technische Beschränkungen. Aus diesem Grund kann die Ertragsprognose nicht immer exakt eintreffen.

Um dennoch eine optimale Leistung zu erzielen, ist ein flexibles Management der Anlage erforderlich. Dies umfasst regelmäßige Wartungen, Anpassungen bei Veränderungen der Umgebungsbedingungen und eventuell notwendige Reparaturen. Moderne **Monitoring**-Systeme können dabei helfen, die Leistung der Anlage in Echtzeit zu überwachen und zeitnah auf Probleme zu reagieren. Auch die Langzeitwirkung von Umweltfaktoren wie Verschmutzung oder Wachstum von umliegender Vegetation, die Verschattung verursachen könnte, wird in Anbetracht der langen Lebensdauer von Solaranlagen bei der Ertragsplanung berücksichtigt. Durch eine regelmäßige Überprüfung und Reinigung der Module sowie das Beschneiden von Bäumen und Sträuchern kann der Ertrag der Anlage über Jahre hinweg auf einem maximalen Niveau gehalten werden.

Monitoring
Überwachung und Analyse der Leistungsdaten einer Photovoltaikanlage.

Realistische Erwartungen: Das Zusammenspiel von Prognose und Praxis

Letztendlich sollten Investoren und Betreiber von Solaranlagen realistische Erwartungen hinsichtlich der Ertragsprognosen haben. Während eine sorgfältige Planung und fortlaufendes Monitoring essentiell sind, musst du auch bereit sein, Anpassungen vorzunehmen und flexibel auf Änderungen zu reagieren. Dies kann bedeuten, dass zusätzliche Investitionen erforderlich sind, um die Anlage an neue Bedingungen anzupassen oder um von technologischen Verbesserungen zu profitieren.

Die Ertragserwartung und Ertragsmessung bei Solaranlagen ist ein komplexes Feld, das technisches Verständnis, sorgfältige Planung und kontinuierliches Management erfordert. Mit dem richtigen Ansatz und einer realistischen Einstellung können Solaranlagen jedoch eine effiziente, wirtschaftliche und umweltfreundliche Energiequelle sein, die sowohl für private Haushalte als auch für Unternehmen von großem Nutzen ist.

Photovoltaik und Elektromobilität unter einem Dach

Elektromobilität
E-Mobilität beschreibt die Nutzung elektrischer Energie für den Antrieb von Fahrzeugen wie Autos, Rollern oder Fahrrädern.

Das Elektroauto mit selbst produziertem Solarstrom in der eigenen Garage laden? Dieser Traum lässt sich einfacher verwirklichen, als du vielleicht denkst. Die Integration von Photovoltaik und **Elektromobilität** unter einem Dach steht für ein autarkes und umweltfreundliches Leben. Diese Kombination ermöglicht es, selbst erzeugten Solarstrom zu nutzen, um Elektrofahrzeuge wie Autos, E-Bikes oder E-Scooter direkt auf dem eigenen Grundstück aufzuladen.

Die Nachhaltigkeit der Elektromobilität hängt maßgeblich davon ab, wie grün der verwendete Strom ist. Indem man Elektrofahrzeuge mit Solarstrom betreibt, erreicht man einen hohen Grad an Umweltfreundlichkeit. Zudem bietet diese Kombination signifikante Kostenvorteile. Der Preis für selbst erzeugten Solarstrom ist etwa dreimal günstiger als der für konventionellen Netzstrom, der zum Aufladen von Elektrofahrzeugen verwendet wird. Im Vergleich zu traditionellen Verbrennungsmotoren wie Benzin oder Diesel bietet die Elektromobilität ohnehin überlegene Betriebskosten. Dies wird weiter durch attraktive Förderungen für Privatpersonen verstärkt, die in Photovoltaik und Elektromobilität gleichzeitig investieren, insbesondere wenn sie dadurch einen neuen, nicht öffentlich zugänglichen Ladepunkt schaffen.

Mit der eigenen Ladestation zur grünen E-Mobilität

Die Verbindung von Photovoltaik und Elektromobilität unter einem Dach ist ein zukunftsweisender Schritt in Richtung nachhaltiger Energie- und Mobilitätslösungen. Um Photovoltaik effektiv für den Betrieb von Elektrofahrzeugen zu nutzen, ist der Aufbau einer eigenen Ladeinfrastruktur notwendig. Dieser Prozess ist oft mit baulichen Maßnahmen verbunden, insbesondere wenn es um die Installation von Ladestationen in Bestandsgebäuden oder gemieteten Objekten geht. Hier müssen zunächst bau- und planungsrechtliche Aspekte geklärt werden. Darüber hinaus besteht eine Meldepflicht an den Netzbetreiber, um sicherzustellen, dass alle technischen und sicherheitsrelevanten Anforderungen erfüllt sind.

Wallbox
Ladestation für Elektrofahrzeuge, installiert an Wohn- oder Arbeitsstätten für schnelles und sicheres Aufladen.

Ein wichtiger Bestandteil der Ladeinfrastruktur ist die **Wallbox**, eine spezielle Ladestation, die in der Nähe von Stellplätzen, Carports oder direkt in der Garage installiert wird. Dadurch ergibt sich für dich als Nutzer eine komfortable Situation, da du deine E-Fahrzeuge endlich nicht mehr an externe Ladestellen bringen musst, um sie für den weiteren Betrieb aufzuladen. Für eine effiziente Energieversorgung ist die Verlegung von neuem, leistungsfähigem Elektrokabel für den Netzanschluss erforderlich. Hierbei wird oft **Kraftstrom** verwendet, um eine schnelle und effiziente Ladung zu gewährleisten.

Kraftstrom
Starkstrom für Geräte mit hohem Energiebedarf, meist mit einer Spannung von 400 Volt.

Moderne E-Ladesäulen bieten zwei Betriebsarten: Normalladung mit einer Leistung von bis zu 22 kW und Schnellladung, die noch mehr Leistung bereitstellt. Diese Technologie ermöglicht es, dass die Ladung eines E-Kleinwagens in nur etwa einer halben Stunde erfolgen kann, wobei pro 10 Minuten Ladezeit bis zu 100 Kilometer Reichweite hinzugewonnen werden können. Die Betriebsart und die Dimensionierung der Ladeinfrastruktur hängen dabei vom Ladebedarf und der Anzahl der Fahrzeuge ab.

Bequemes Aufladen von Elektrofahrzeugen
mit Solarstrom aus der hauseigenen Wallbox

Energiemanagement durch smarte Steuerungen

Die Kombination von Photovoltaik und Elektromobilität unter einem Dach bietet nicht nur eine nachhaltige Energieversorgung, sondern auch innovative Möglichkeiten für ein intelligentes Energiemanagement. Eine Schlüsselrolle spielen hierbei smarte Steuerungen, die ein schonendes und effizientes Laden von Elektrofahrzeugen mit PV-Überschussstrom ermöglichen.

Lastmanagement
Systematisches Steuern und Verteilen von Energielasten, um die Effizienz und Stabilität des Stromnetzes zu optimieren.

Solche intelligenten Steuerungssysteme führen ein sinnvolles **Lastmanagement** durch. Sie berücksichtigen den aktuellen Hausverbrauch und steuern die Energieflüsse so, dass der Solarstrom optimal genutzt wird. Beim Laden der Elektrofahrzeuge wird auf Basis von aktuellen Wettervorhersagen entschieden, wie der PV-Strom am besten eingeteilt werden sollte. Dies stellt sicher, dass die Fahrzeuge vorrangig mit erneuerbarer Energie geladen werden, insbesondere wenn ein hoher Überschuss an Solarstrom vorhanden ist.

Die Einbindung von Photovoltaikanlagen in stationäre Stromspeicher ist ebenfalls eine sinnvolle Ergänzung. Sie ermöglicht es, Solarstrom zu speichern und zu einem späteren Zeitpunkt zu nutzen, zum Beispiel dann, wenn das Elektroauto geladen werden muss, aber die Sonne nicht scheint. Dadurch wird sichergestellt, dass die Elektromobilität nicht durch fehlende Lademöglichkeiten eingeschränkt wird. Eine detaillierte Behandlung von Speicherlösungen wird zu einem späteren Zeitpunkt in diesem Buch erfolgen.

Zudem bietet intelligentes Monitoring dem Verbraucher die Möglichkeit, den Energiefluss und den Verbrauch genau zu überwachen und zu steuern. Dies erhöht nicht nur die Transparenz, sondern ermöglicht es auch, die Energieeffizienz des eigenen Haushalts kontinuierlich zu optimieren. Somit stellt die Verbindung von Photovoltaik und Elektromobilität eine fortschrittliche Lösung dar, die es dir ermöglicht, aktiv wie nie zuvor an der Energiewende teilzunehmen und gleichzeitig von einer kosteneffizienten und umweltschonenden Energieversorgung zu profitieren.

Warmwasserbereitung durch Solarenergie

Photovoltaik kann nicht nur genutzt werden, um die eigenen Elektrofahrzeuge bequem von zu Hause aus aufzuladen, sondern auch, um effizient und wirtschaftlich zu heizen. Die Warmwasserbereitung durch Solarenergie gewinnt immer mehr an Wichtigkeit, insbesondere vor dem Hintergrund der Energiekrise und der steigenden Öl- und Gaspreise. Photovoltaik bietet hier eine effiziente und wirtschaftliche Lösung, nicht nur zum Aufladen von Elektrofahrzeugen, sondern auch zur Heizung und Warmwasserbereitung im eigenen Haushalt. Für die Warmwasserbereitung können Photovoltaikanlagen genutzt werden, um Warmwasserboiler oder Durch-

**Eigenverbrauchs-
quote**
Anteil des selbst
erzeugten Solarstroms,
der direkt vor Ort
verbraucht wird.

Photovoltaik-Heizstab
Elektrisches Element,
das Strom, in diesem
Fall aus Photovoltaik,
in Wärme umwandelt,
wird oft in Warmwas-
serspeichern einge-
setzt.

**Überschuss-
einspeisung**
Einspeisung von nicht
direkt verbrauchtem
Solarstrom ins öffent-
liche Stromnetz.

Wechselstrom (AC)
Stromart, bei der die
Stromrichtung perio-
disch wechselt und die
die Grundlage für die
meisten Haushaltsan-
wendungen ist. Gegen-
teil des Gleichstroms
(DC).

lauferhitzer zu betreiben. Ähnlich wie bei der Elektromobilität ist es sinnvoll, die **Eigenverbrauchsquote**
zu maximieren, um die Stromkosten zu senken.
Das kann durch den Einsatz eines Energiespeichers
erreicht werden, der den Solarstrom speichert und
bei Bedarf für die Warmwasserbereitung bereitstellt.

Das Heizen mit einem Photovoltaik-**Heizstab** bietet
eine effiziente Möglichkeit, überschüssigen Solarstrom für die Wärmeerzeugung zu nutzen. Diese
Komponente wird direkt in einen Warmwasserspei-
cher integriert und wandelt den von Photovoltaikmodulen erzeugten Strom in Wärme um. Dieses System
ermöglicht es, den Eigenverbrauch des Solarstroms
zu maximieren, indem der überschüssige Strom,
der nicht direkt verbraucht oder ins Netz eingespeist wird, für die Warmwasserbereitung genutzt
wird. So wird eine kostengünstige und umweltfreundliche Heizlösung geschaffen, die die Abhängigkeit von herkömmlichen Energiequellen reduziert
und die Energieeffizienz des Haushalts steigert.

Im Bereich der Photovoltaik gibt es verschiedene
Möglichkeiten zur Warmwasserbereitung. Eine
davon ist die klassische **Überschusseinspeisung**, bei der der erzeugte Solarstrom entweder
direkt für die Warmwasserbereitung verwendet
oder ins Stromnetz eingespeist wird. Eine weitere
Option ist ein **AC**-gekoppeltes Warmwasser-
system, das mit oder ohne Batteriespeicher funktionieren kann. Darüber hinaus gibt es die Möglichkeit einer reinen, netzautarken PV-Heizanlage, die
komplett unabhängig vom Stromnetz funktioniert.

Eine besonders effiziente Lösung stellt die Kombination aus klassischer Wohnungsheizung, wie einem Öl- oder Gasbrenner oder einem Pelletheizkessel, mit einer Photovoltaikanlage oder Solarthermieanlage mit einem Pufferspeicher dar. Im Vergleich zur Solarthermie bietet die Photovoltaik den Vorteil, dass der Installationsaufwand geringer ist, da Planungsaspekte wie die Rohrleitung und Dämmung wegfallen. Zudem kann die Photovoltaikanlage nicht nur für die Warmwasserbereitung, sondern auch für andere elektrische Anwendungen im Haus genutzt werden, was ihre Wirtschaftlichkeit erhöht.

Balkonkraftwerke – Mini-Solaranlagen der Zukunft?

Die klassische Photovoltaikanlage ist eine lohnenswerte Investition, wenn ein geeignetes Gebäudedach für die Installation zur Verfügung steht. Doch wie kann Solarenergie generiert werden, wenn diese Option nicht realistisch ist, etwa wenn du in einer Eigentumswohnung oder einem Mietshaus lebst? Balkonkraftwerke, auch bekannt als Stecker-Solargeräte, sind in diesem Fall ein spannender Tipp. Diese Mini-Solaranlagen ermöglichen es, Solarstrom direkt auf dem eigenen Balkon oder der Terrasse zu generieren. Sie bestehen aus einem oder wenigen kleinen Solarmodulen und können problemlos an das Wohnungsstromnetz angeschlossen werden. Die **Plug-and-Play**-Lösungen zeichnen sich durch Platzeffizienz, Benutzerfreundlichkeit und einen beachtlichen Energieertrag aus.

Balkonkraftwerke sind eine ideale Lösung für Mieter oder Eigentümer ohne Zugang zu einer großen Dachfläche. Sie bieten die Möglichkeit, effektiv und unkompliziert Solarstrom zu produzieren. Die direkte Einspeisung des Stroms in das Wohnungsstromnetz über einen Stecker macht den Betrieb besonders einfach. Es ist jedoch zu beachten, dass diese Systeme nur für den Eigenbedarf konzipiert sind und keine Einspeisung ins öffentliche Netz ermöglichen.

Trotz ihrer Simplizität bedarf die Installation eines Balkonkraftwerks der Genehmigung des Vermie-

Plug-and-Play
Systeme oder Geräte, die ohne komplizierte Installation sofort einsetzbar sind.

ters und muss beim zuständigen Netzbetreiber angemeldet werden. Die Anlagen können nicht nur auf Balkonen oder Terrassen, sondern auch an Fassaden, im Garten, auf Fensterbrettern oder auf Garagen installiert werden. Wichtig ist dabei ein sturmsicheres und robustes Befestigungssystem, um Schäden und Gefahren zu vermeiden. Der Installationsaufwand für Balkonkraftwerke ist im Vergleich zu traditionellen Photovoltaikanlagen minimal, dennoch sollte die Installation idealerweise von einem Fachbetrieb übernommen werden. Dies stellt sicher, dass die Anlage korrekt und sicher installiert wird und maximale Effizienz erreicht.

Balkonkraftwerke: Sonnenenergie für alle zugänglich machen

Balkonkraftwerke machen Solarenergie für eine breitere Bevölkerungsschicht zugänglich. Sie sind eine kostengünstige Möglichkeit, um einen Teil des eigenen Strombedarfs umweltfreundlich und nachhaltig zu decken. Die einfache Handhabung und der geringe Wartungsaufwand machen sie zu einer attraktiven Alternative für Menschen, die in die Solarenergie einsteigen möchten, ohne große Investitionen tätigen zu müssen.

In Anbetracht des wachsenden Interesses an erneuerbaren Energien und des zunehmenden Bedarfs an nachhaltigen Energielösungen sind Balkonkraftwerke mehr als nur eine temporäre Modeerscheinung. Sie repräsentieren einen wichtigen Schritt in der Demokratisierung der Solarenergie, denn sie zeigen, dass nachhaltige Energieproduktion nicht auf große Unternehmen oder Eigenheimbesitzer beschränkt sein muss. Indem sie es jedem ermöglichen, Teil der Energiewende zu werden, spielen sie eine entscheidende Rolle in der Gestaltung einer nachhaltigeren Zukunft.

Freiflächen-Solaranlagen und Solarparks

Photovoltaikanlagen sind nicht nur auf Dächern eine effiziente Möglichkeit zur Energiegewinnung, sondern auch auf Freiflächen, die oftmals größere Nutzflächen und damit auch Erträge bieten. **Solarparks** werden ebenerdig auf speziellen Unterkonstruktionen aus Stahl montiert, um eine optimale Ausrichtung zur Sonne zu gewährleisten. Solche Anlagen können auf dem Boden oder sogar auf Gewässern installiert werden und bieten eine innovative Lösung zur Nutzung brachliegender Flächen für die Energieerzeugung.

Solarpark
Ein großflächiges Photovoltaiksystem, das auf dem Boden von Freiflächen installiert wird, um Strom in großem Maßstab zu erzeugen.

Innovationen in der Photovoltaik:
Agri- und Floating-Photovoltaik

Ein wesentliches Problem der Freiflächen-Solaranlagen ist jedoch ihr hoher Flächenbedarf, der nicht selten auch mit einer Flächenversiegelung einhergeht. Um diesen Herausforderungen zu begegnen, können brachliegende Flächen oder bereits versiegelte Areale wie Parkplätze zur Energieproduktion genutzt werden. Diese werden überdacht, was nicht nur der Solaranlage die nötige Fläche gewährt, sondern auch die Qualität der Parkplätze, etwa bei Regen, erhöht. Darüber hinaus kann auch die öffentliche Ladeinfrastruktur für die immer beliebter werdende Elektromobilität bei dieser Lösung mitgedacht werden.

Eine besonders vielversprechende Methode ist auch die **Agri-Photovoltaik**, bei der landwirtschaftliche Flächen gleichzeitig zur Nahrungs- und Stromproduktion verwendet werden. Dies ermöglicht eine doppelte Nutzung der Flächen und trägt zur Effizienzsteigerung bei.

Floating-Photovoltaik ist eine weitere innovative Lösung. Dabei handelt es sich um schwimmende Solaranlagen auf künstlichen oder stark veränderten stehenden Gewässern wie Kiesseen. Dabei werden die Solarmodule sowie alle weiteren erforderlichen Geräte und Komponenten auf einer schwimmenden Unterkonstruktion befestigt, die der gesamten Anlage den erforderlichen Auftrieb im Wasser gibt. Obwohl diese Technologie aufgrund hoher baurechtlicher Hürden noch wenig genutzt wird, bietet sie großes Potenzial für die Zukunft.

*Groß gedacht: Maximale Energieausbeute
auf großer Fläche*

Freiflächen-Solaranlagen müssen auf einer großen Fläche, in der Regel mindestens 5 Hektar, angelegt werden, um wirtschaftlich zu sein. Weitere Standortanforderungen umfassen die Nähe zum Netzverknüpfungspunkt und eine ausreichende Sonneneinstrahlung, da Ineffizienzen aufgrund der Größe des Solarparks unweigerlich zu großen Ertragseinbußen führen können. Im Gegensatz zu Dach-PV-Anlagen sind Freiflächen-Solaranlagen genehmigungspflichtig und unterliegen besonderen Anforderungen im Baurecht. Dies erfordert eine sorgfältige Planung und Abwägung der Standortfaktoren, um sicherzustellen, dass die Anlage effizient, umweltfreundlich und rechtlich konform betrieben werden kann.

Die Vorteile von Freiflächen-Solaranlagen sind vielfältig. Sie ermöglichen es, große Mengen an grünem Strom zu produzieren und tragen somit wesentlich zur Energiewende bei. Durch die Nutzung von wenig genutzten Flächen wird zudem die Konkurrenz um wertvolle Landressourcen reduziert.

Zusammenfassend bieten Freiflächen-Solaranlagen eine vielversprechende Möglichkeit, den Übergang zu einer nachhaltigeren Energieversorgung zu beschleunigen. Sie sind ein Schlüsselelement in der zukünftigen Energielandschaft und werden eine zentrale Rolle in der nachhaltigen Entwicklung der globalen Energieversorgung spielen, da sie nicht nur Eigenbedarfe von Privatpersonen oder Unternehmen decken können, sondern auch ihren Teil zum allgemeinen Strommix beitragen können.

Ein Blick hinter die Kulissen einer Freiflächen-
Photovoltaikanlage

PHOTO-VOLTAIK-ANLAGEN: KOMPO-NENTEN IM FOKUS

Vom Solarmodul über den Wechselrichter bis zum Montagesystem

Photovoltaikanlagen: Komponenten im Fokus

Eine Photovoltaikanlage ist weit mehr als nur Solarmodule. Sie ist ein komplexes elektrisches, mechanisches und digitales System, in dem verschiedene Komponenten und Softwareanwendungen eine wichtige Rolle spielen. Von den Photovoltaikmodulen, dem Herzstück der gesamten Anlage, über den **Wechselrichter** bis hin zum Batteriespeicher, der eine durchgehende Deckung des Eigenbedarfs, etwa für Elektromobilität, Warmwasserbereitung oder Haushaltsgeräte ermöglicht, sind zahlreiche Komponenten für die Photovoltaik unverzichtbar. Auch robuste Montagesysteme, eine zuverlässige Verkabelung und ein intelligentes **Smart Metering** sind Teil einer vollständigen Photovoltaikanlage.

Bei der Auswahl, der Dimensionierung, der Installation sowie der Verbindung all dieser Komponenten ist ein profundes Fachwissen gefragt. Nur so kann gewährleistet werden, das alle Rädchen Deiner neuen Photovoltaikanlage ineinander greifen und effizient sowie zuverlässig grünen Solarstrom produzieren. Aus diesem Grund möchten wir uns in diesem Kapitel voll und ganz den einzelnen Komponenten einer klassischen Photovoltaikanlage widmen, nachdem wir dich bereits mit den Grundprinzipien, den Vorteilen für die Erde und den Verbraucher sowie dem Planungsprozess einer PV-Anlage im Detail vertraut gemacht haben.

Solarmodule – das Herzstück der PV-Anlage

In der Photovoltaik gibt es eine Vielzahl an Modultypen, deren ausführliche Diskussion den Rahmen dieses Textes sprengen würde. Eine entscheidende Unterscheidung besteht jedoch zwischen Zellscheiben- und Dünnschichtmodulen, die sich in Aufbau, Betriebsweise und Flächenleistung unterscheiden und die wir bereits in einem der vorangegangenen Kapitel thematisiert haben. Dünnschichtmodule weisen in der Regel einen geringeren Wirkungsgrad auf, was insbesondere bei kleineren Dachflächen nachteilig sein kann. Sie erfordern manchmal spezielle Komponenten und einen höheren Verkabelungsaufwand.

Für viele Anwendungen erweisen sich kristalline Module als die bessere Wahl. Diese sind in einem praktischen Standardformat von etwa 1,70 x 1,10 Meter erhältlich und bieten eine robuste und zuverlässige Lösung für Solarstromprojekte. Monokristalline Zellen, eine Unterart der kristallinen Module, zeichnen sich durch Wirkungsgrade von etwa 20 Prozent aus und sind damit besonders effizient bei der Umwandlung von Sonnenlicht in elektrische Energie. Um die notwendige Spannung für den Betrieb des Wechselrichters und die Einspeisung in das Haus- oder das allgemeine Stromnetz zu erreichen, werden mehrere Module in einer sogenannten **String**-Konfiguration hintereinander geschaltet. Hierbei addiert sich die Spannung der

String
Mehrere in Serie geschalteter Photovoltaikmodule in einer Solaranlage.

einzelnen Module, um am Ende die für das klassische Stromnetz erforderlichen 230 Volt zu erreichen.

Das maximale Potenzial erreichen Siliziummodule, wenn sie optimal verschaltet und verdrahtet werden. Die moderne Modultechnologie hat sich von der Verwendung von zwei Leiterbändchen, auch **Busbars** gennant, hin zu fünf Busbars in einer Zelle weiterentwickelt. Dies geschah vor dem Hintergrund, die Strombelastbarkeit gleichmäßiger zu verteilen und die Effizienz und die Langlebigkeit der Module zu steigern. Darüber hinaus wird zunehmend das Verbauen von halben Zellen bevorzugt, die nicht mehr quadratisch, sondern rechteckig sind. Diese Neuerung verbessert die Belastungssteuerung und erlaubt eine bessere Kompensation bei Teilverschattungen, was insbesondere in urbanen Umgebungen oder bei unregelmäßigen Dachformen von Vorteil ist.

Busbars
Leiterbahnen in Solarzellen, die für die Stromleitung zuständig sind.

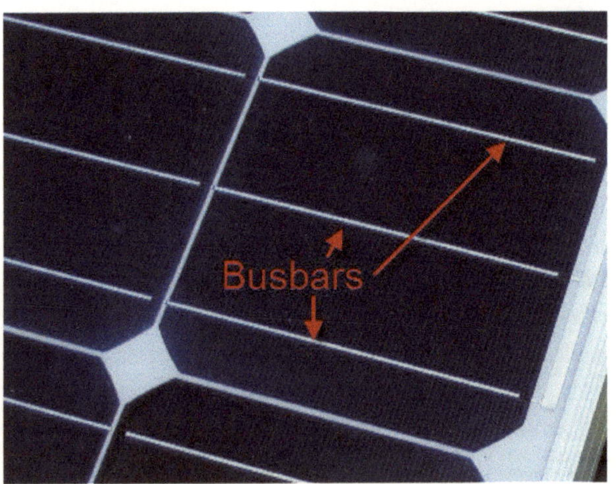

Nahaufnahme einer Solarzelle, Markierung der Leiterbändchen, auch Busbars genannt

Modulqualität, Zertifikate und Garantien

Die Qualitätssicherung von Photovoltaikmodulen ist ein zentraler Aspekt, um deren langfristige Zuverlässigkeit und Leistungsfähigkeit zu gewährleisten. Hierfür sind Prüfzertifikate nach international anerkannten Standards wie IEC 61215, IEC 61646 und DIN EN 61730 Teil 1 und 2 unerlässlich. Diese Zertifikate bestätigen, dass die Module den strengen Sicherheitsstandards entsprechen und sowohl gegen Witterungseinflüsse als auch gegen mechanische Belastungen, beispielsweise Hagelschlag, robust sind.

Neben der Erfüllung dieser verpflichtenden Normen bieten Hersteller von Photovoltaikmodulen auch Garantien, die über die gesetzliche Gewährleistung hinausgehen. Während die gesetzliche Produktgarantie in der Regel zwei Jahre beträgt, erweitern viele Hersteller diese auf fünf oder mehr Jahre. Diese erweiterten Garantien bieten den Käufern zusätzliche Sicherheit und spiegeln das Vertrauen der Hersteller in die Langlebigkeit und Zuverlässigkeit ihrer Produkte wider.

Ein besonders wichtiger Aspekt der Modulgarantie ist die **lineare Leistungsgarantie**. Sie definiert, wie viel Prozent der ursprünglichen Leistung ein Photovoltaikmodul über die Zeit hinweg liefern kann. Üblicherweise garantieren Hersteller, dass ihre Module nach 10 Jahren noch mindes-

Lineare Leistungsgarantie
Garantie, dass Photovoltaikmodule über die Zeit einen bestimmten Prozentsatz ihrer Nennleistung beibehalten.

tens 90% ihrer ursprünglichen Leistung erbringen und nach 25 Jahren noch 80%. Diese Staffelung berücksichtigt die natürliche, altersbedingte Leistungsabnahme von Photovoltaikmodulen.

Nach etwa 30 Jahren erreicht ein PV-Modul in der Regel das Ende seines Lebenszyklus und sollte ausgetauscht werden. Diese Zeitspanne bietet jedoch eine beachtliche Nutzungsdauer und die Möglichkeit, von technologischen Fortschritten bei einer späteren Nachrüstung zu profitieren, was mit einer Steigerung der Energieerträge einhergeht. Insgesamt sind die Prüfzertifikate, Garantien und die Leistungsabnahme über die Lebensdauer hinweg wichtige Kriterien für die Auswahl und Investition in Photovoltaikmodule. Sie bieten dir eine zuverlässige Grundlage zur Abschätzung der Leistungsfähigkeit und Wirtschaftlichkeit Deiner Solaranlage.

Wechselrichter – von Gleichstrom zu Wechselstrom

Der Output der Photovoltaik in Form von elektrischem Strom bietet vielseitige Nutzungsmöglichkeiten, die von einfachen bis zu komplexen Anwendungen reichen. Die einfachste Form der Nutzung ist die Direktanwendung für elektrische Kleingeräte, die mit 12 oder 24 Volt betrieben werden, wie Outdoorleuchten oder Taschenrechner. Bei diesen Geräten wird der Strom oft direkt im Gerät durch kleine, integrierte Solarzellen gewonnen.

Für den Einsatz von Photovoltaik im Haushalt und im Industriebereich ist jedoch eine Umwandlung des erzeugten Gleichstroms in Wechselstrom notwendig. Der benötigte Wechselstrom hat in der Regel eine Spannung von 230 Volt und eine Frequenz von 50Hz, was dem Standard entspricht, der aus konventionellen Steckdosen in Wohn- und Gewerbegebäuden bezogen wird.

Um den von Photovoltaikanlagen erzeugten Strom in dieser Form nutzbar zu machen, sind zusätzliche Komponenten erforderlich. Zentral ist hierbei der Wechselrichter, der den Gleichstrom der Solarzellen in Wechselstrom umwandelt. Durch diese Integration wird die erneuerbare Energie, die durch Photovoltaikanlagen erzeugt wird, effektiv und vielseitig im täglichen Leben nutzbar gemacht.

Minimale Ertragsverluste durch moderne Wechselrichter

In der modernen Photovoltaik spielt die Effizienz der Wechselrichter eine entscheidende Rolle. Gute Wechselrichter zeichnen sich durch einen verlustarmen Betrieb aus, weshalb sich inzwischen trafolose Wechselrichter gegenüber Geräten mit eingebautem **Trafo** durchgesetzt haben. Trafolose Wechselrichter sind nicht nur effizienter, sondern auch leichter und kompakter. Bei optimaler Betriebsauslegung erreichen sie beeindruckende Wirkungsgrade von mehr als 98 Prozent. Das bedeutet, dass fast die gesamte vom Photovoltaikmodul erzeugte Energie in nutzbaren Wechselstrom umgewandelt wird, was die Gesamteffizienz der Solaranlage erheblich steigert.

Trafo
Kurz für Transformator, Gerät zur Spannungsumwandlung in elektrischen Anlagen.

Für große Photovoltaikanlagen werden häufig Zentralwechselrichter eingesetzt, die mit allen Strings der Anlage verbunden sind. Diese Zentralwechselrichter werden bei größeren Anlagen in Kombination mit einem externen Transformator verwendet, um den erzeugten Strom direkt ins **Mittelspannungsnetz** einzuspeisen. Der Einsatz von Zentralwechselrichtern in großen PV-Anlagen ermöglicht eine effizientere Übertragung des Stroms über größere Distanzen sowie eine zentralisierte Steuerung und Überwachung, was die Wartung und das Management vereinfacht.

Mittelspannungsnetz
Elektrisches Verteilungsnetzwerk, das höhere Spannungsebenen (in der Regel zwischen 10 und 35 kV) verwendet.

Bei klassischen Anlagen kleinerer bis mittlerer Größe werden hingegen häufig ein oder mehrere Stringwechselrichter genutzt. Diese erlauben eine individuelle Anpassung an die jeweilige Anlagengröße. Stringwechselrichter bieten den Vorteil, dass jeder String einzeln optimiert werden kann, was die Flexibilität und Effizienz der Anlage erhöht. Für Kleinstanlagen, wie sie beispielsweise in privaten Haushalten in Form von Balkonkraftwerken und Stecker-Solaranlagen zu finden sind, stehen zudem kompakte Wechselrichter zur Verfügung. Diese kleinen und effizienten Geräte sind ideal für Anlagen mit nur wenigen Solarmodulen und bieten eine einfache und kostengünstige Lösung für die Umwandlung von Solarstrom.

Insgesamt spielen Wechselrichter eine zentrale Rolle in der Funktionsweise von Photovoltaikanlagen. Die Wahl des Modells und die korrekte Installation des Wechselrichters sind entscheidend für die Effizienz, Zuverlässigkeit und Wirtschaftlichkeit der gesamten Solaranlage. Moderne Wechselrichter-Technologien tragen durch eine einfache und wartungsarme Betriebsweise sowie hohe Wirkungsgrade von nahezu 100 Prozent dazu bei, dass Solarenergie eine immer attraktivere Option für die nachhaltige Energieversorgung wird.

Wechselrichter einer
Photovoltaik-Anlage,
hier ein Modell von
Huawei

Sicherheit und Montage von Wechselrichtern

Der Wechselrichter in einer Photovoltaikanlage spielt eine Schlüsselrolle, die weit über die bloße Umwandlung von Gleichstrom in Wechselstrom hinausgeht. Er ist zentral verantwortlich für die Einhaltung der strengen Bedingungen, die für die Nutzung und Einspeisung von Wechselstrom in das öffentliche Netz gelten. Dies umfasst umfassende Sicherheitsfunktionen, die den zuverlässigen und effizienten Betrieb der Anlage gewährleisten. Vor Aufnahme des Betriebs stellt der Wechselrichter sicher, dass keine Isolationsfehler im Generatorbereich vorliegen. Zudem überwacht er kontinuierlich das Netz, um einen möglichen Zusammenbruch zu verhindern. Eine automatische

Abschaltung im Falle eines plötzlichen Netzausfalls ist ebenso standardmäßig integriert wie ein Überspannungsschutz, der die Anlage und angeschlossene Geräte vor potenziellen Schäden bewahrt.

Moderne Wechselrichter sind zudem mit diversen Schnittstellen ausgestattet, die eine Vielzahl von Monitoring- und Steuerungsoptionen bieten. Dazu gehören ein Betriebsdisplay für die Anzeige aktueller Leistungsdaten, Auswertungstools und Ertragsdatenbanken sowie die Möglichkeit der Fernauslesung durch externe Datenlogger. Diese Funktionen ermöglichen es, die Leistung der Anlage genau zu überwachen und zu analysieren, um den Betrieb zu optimieren. Diese Aspekte werden wir im Kapitel zu Smart Metering näher beleuchten.

Die Montage von Wechselrichtern kann sowohl im Freien als auch im Gebäude erfolgen, da die Gehäuse und die Elektronik robust gegen Witterungsbedingungen konstruiert sind. Wichtig ist jedoch, einen kühlen und luftigen Montageort zu wählen, da Wechselrichter während des Betriebs Abwärme erzeugen. Der Montageort sollte zudem sicher vor Regen und anderen Witterungseinflüssen sein. Ein idealer Ort für die Montage ist ein freier und zugänglicher Bereich im Keller in der Nähe der Hausverteilung und des Zählerschranks. Dies bietet den Vorteil, dass das Display auf Augenhöhe angebracht werden kann, was das Ablesen erleichtert und im Servicefall einen einfachen Austausch des Geräts ermöglicht.

Batteriespeicher – Solarstrom auf Lager

Die Verfügbarkeit der Sonne als Energiequelle ist nicht konstant, was eine Herausforderung für die unabhängige Versorgung mit Solarstrom darstellt. Nur mit Speichermedien ist eine kontinuierliche und unabhängige Stromversorgung möglich, was gleichzeitig zur Entlastung der Stromnetze beiträgt. Auch wenn eine 100-prozentige Eigenversorgung mit Solarstrom in privaten Haushalten in der Praxis selten erreicht wird, leistet ein gutes Speichersystem einen wichtigen Beitrag zur Maximierung der Eigenverbrauchsquote. Insbesondere für Lademöglichkeiten der Elektromobilität, wie in einem der vorangegangenen Kapitel beschrieben, sind Speicher unverzichtbar.

Technisch gesehen handelt es sich bei Batteriespeichern um Akkumulatoren, kurz Akkus gennant, da sie im Gegensatz zur klassischen Batterie die Fähigkeit besitzen, wiederholt aufgeladen zu werden. Die Modularität von Batteriespeichern ermöglicht dabei eine flexible Systemgestaltung. Ein Batteriespeichersystem (BAT) besteht aus verschiedenen Modulen, die einzelne Batteriezellen oder Batteriepacks enthalten. Ein entscheidendes Element eines jeden Speichersystems ist das Batteriemanagementsystem (BMS), eine Einheit, die für die Überwachung und Steuerung des Batteriespeichers zuständig ist. Es gewährleistet die optimale Nutzung der Batterie und schützt sie vor

Schäden durch Überladung oder Tiefentladung.

Eine weitere wichtige Größe von Stromspeichern ist die Entladungstiefe. Sie gibt an, welcher prozentuale Teil der **Nennkapazität** entnommen werden kann, ohne dass der Akku langfristig an Qualität einbüßt. Dies hat den Hintergrund, dass Batterien in der Regel nicht vollständig entladen werden können, ohne ihre Lebensdauer zu verkürzen. Die Zyklenzahl ist ein weiterer wichtiger Parameter, der die Lebensdauer des Akkus direkt beeinflusst. Ein Zyklus entspricht dem vollständigen Aufladen und Entladen des Akkus. Unter optimalen Bedingungen halten moderne Stromspeicher zwischen 5000 und 10000 Ladezyklen stand – und verfügen somit über eine Lebensdauer von mindestens 20 Jahren, abhängig von der Intensität des Betriebs und der Qualität des BAT.

Stromspeicherkapazität
Maximale Menge an elektrischer Energie, die ein Speicher aufnehmen kann.

Bei der Nutzung von Batteriespeichern treten stets Ladungsverluste auf, weshalb der Wirkungsgrad des Speichers eine wichtige Rolle spielt. Ein hoher Wirkungsgrad bedeutet, dass nur wenige Energieverluste bei der Übertragung des frisch generierten Solarstroms in den Speicher sowie vom Speicher in die Anwendung entstehen. Die Effizienz von Batteriespeichern ist somit ein entscheidender Faktor für die Wirtschaftlichkeit und Umweltfreundlichkeit des gesamten Solarstromsystems.

Lithium-Ionen-Akkus als Speicherlösungen Nummer Eins

In der modernen Photovoltaik sind **Lithium-Ionen-Akkus** die bevorzugten Speicherlösungen, die Bleiakkus aufgrund ihrer veralteten Technologie abgelöst haben. Ein Lithium-Ionen-Akku funktioniert durch die Bewegung von Lithium-Ionen zwischen einer positiven und negativen **Elektrode** beim Laden und Entladen. Während des Ladevorgangs wandern Lithium-Ionen zur negativen Elektrode und werden dort eingelagert; beim Entladen bewegen sie sich zurück zur positiven Elektrode und geben dabei Energie ab.

Die Vorteile von Lithium-Ionen-Akkus sind vielfältig. Sie bieten eine hohe **Energiedichte**, vertragen hohe Entladeströme und ermöglichen Schnellladungen. Eine hohe Entladetiefe und eine geringe **Selbstentladungsrate** von weniger als 5 Prozent pro Monat erhöhen ihre Effizienz. Mit einem Wirkungsgrad von fast 100% sind sie besonders effektiv in der Energiespeicherung und -rückgewinnung.

Für die Unterbringung von Lithium-Ionen-Akkus sind brandsichere Räumlichkeiten essentiell. Dies kann ein abgeschlossener Raum im Gebäude oder ein spezieller Batterieschrank bzw. -behälter sein, der sowohl im Innen- als auch im Außenbereich positioniert werden kann. Es ist wichtig, dass der Speicher nicht dauerhaft Temperaturen über 20 Grad ausgesetzt wird, da diese die Zyklenzahl und damit die Lebensdauer negativ beeinflussen können. Daher sollte der Speicherort vor direkter Sonneneinstrahlung geschützt sein.

Sicherheitssysteme, Befestigungen und Kippsicherungen sind ebenfalls wichtig für die fachgerechte Montage der Energiespeicher. Der Speicher sollte zudem frei zugänglich für Wartungsarbeiten sein, mit ausreichend Freiraum für die Kühl- und Warmluftabfuhr. Ein trockener Ort mit einer Luftfeuchtigkeit von weniger als 80% und Überschwemmungsfreiheit ist für die Lagerung ideal. Es sollte auch keine explosionsfähige Atmosphäre oder starke Span- und Staubentwicklung am Installationsort vorliegen. Die Installation und Verschaltung eines Lithium-Ionen-Speichers ähnelt der eines Wechselrichters. Fachgerechte Planung und Umsetzung sind unerlässlich, um die Sicherheit und Effizienz des Systems zu gewährleisten.

Cloud-Services für Strom – empfehlenswert oder unpraktikabel?

Die Idee von Cloud-ähnlichen Modellen für Strom rückt immer stärker in den Fokus für Haushalte, die eine möglichst hohe Energieautarkie anstreben. Diese Modelle funktionieren ähnlich wie eine Cloud-Speicherlösung für digitale Daten, jedoch für elektrische Energie. Im Sommer, wenn Photovoltaikanlagen aufgrund der höheren Sonneneinstrahlung in der Regel einen Überschuss an Strom erzeugen, wird dieser Überschuss in die virtuelle Cloud eingespeist. Im Winter, wenn die Energieproduktion durch kürzere Tage und schlechtere Wetterbedingungen sinkt, können Haushalte auf den zuvor gespeicherten Strom in der Cloud zurückgreifen.

Eine Abrechnung erfolgt dann auf Basis der Differenz zwischen eingespeistem und verbrauchtem Strom. Dieses Modell ermöglicht es den Verbrauchern, die Vorteile ihrer Photovoltaikanlage das ganze Jahr über zu nutzen, selbst in Zeiten geringerer Erzeugung. Allerdings gibt es auch einen Nachteil: Die Tarife für zusätzlichen Strom, der über die eigene Erzeugung hinausgeht, können – abhängig vom jeweiligen Anbieter – vergleichsweise hoch sein. Daher ist es wichtig, die Kosten und Bedingungen der verschiedenen Anbieter genau zu vergleichen, um eine kosteneffiziente Lösung zu finden.

Wir von der Norddeutschen Solar haben in unserem langjährigen Engagement in der Photovoltaik-Branche die Erfahrung gemacht, dass Cloud-Lösungen weniger Vor- als Nachteile für dich als Kunden bieten. Sie schaffen eine Reihe neuer Kosten, beispielsweise für die Nutzung der Cloud-Software, die auch unter gewissen Umständen steigen können. Dieser Ansatz steht für uns daher im Widerspruch zu einer autarken und unabhängigen Energieversorgung.

Überwachung und Optimierung dank Smart Metering

Eine kontinuierliche Funktions- und Ertragsüberwachung ist ein entscheidender Faktor für den Erfolg einer Solaranlage. Um Ertragsverluste auszuschließen und Funktionsstörungen rechtzeitig zu erkennen, ist ein effizientes Monitoring-System unerlässlich. Die einfachste Form des Monitorings erfolgt durch das Funktionsdisplay des Wechselrichters, wobei die erfassten Werte mit Daten aus dem Vorjahr oder Referenzwerten aus Internetdatenbanken verglichen werden. Diese Methode kann jedoch ungenau sein und nicht alle Fehler aufzeigen.

Eine bessere, professionellere und zuverlässigere Messung bietet die Anlagenfernüberwachung. Diese ermöglicht eine detaillierte Ertragserfassung und bietet visuelle Darstellungen, Einzelstringüberwachung sowie leicht verständliche Dashboards, die einen guten Überblick über die Anlagenperformance geben. Ein großer Vorteil dieser Überwachungsform ist, dass die Daten nicht direkt am Wechselrichter ausgelesen werden müssen, sondern ortsunabhängig über das Internet oder Smartphone abrufbar sind. Visualisierungen machen die Informationen auch für Laien leicht erkennbar. Größere Schwankungen in der Performance können auf Probleme hinweisen, woraufhin der Betreiber einen Fachbetrieb kontaktieren kann.

Für kleinere Anlagen ist eine Fernüberwachung nicht zwingend notwendig, aber oft hilfreich. Bei Großanlagen mit einer Leistung ab 20kW ist eine Fernauslesung mit **Datenloggern** und einer Computerschnittstelle unabdingbar. Ein Smart Metering System stellt die modernste Form des Monitorings dar. Es kombiniert einen digitalen Stromzähler mit einem Kommunikationsmodul, dem sogenannten Smart Meter Gateway. Durch die Kommunikation der erfassten Daten zu Stromverbrauch und -erzeugung kann die Energieeffizienz der Anlage erhöht werden. Die Kommunikation erfolgt dabei in kurzen Intervallen, typischerweise viertelstündlich, statt wie zuvor üblich vierteljährlich.

Angesichts dieser Vorteile wird die Ausstattung mit Smart Metering sowohl für neue als auch bestehende PV-Anlagen in den nächsten Jahren gesetzlich verpflichtend werden. Die Kosten für die Umrüstung und den Umbau des Zählerschranks liegen dabei bei den PV-Anlagen-Betreibern. Langfristig führt die Investition in ein fortschrittliches Monitoring-System zu höherer Effizienz, besserer Leistungsüberwachung und somit zu einer Steigerung der Wirtschaftlichkeit der Solaranlage.

Zusammenfassend ermöglicht ein Monitoring-System nicht nur eine detaillierte Überwachung und Analyse der Anlagenleistung, sondern auch eine frühzeitige Erkennung und Behebung von Problemen. Dadurch kann die Leistungsfähigkeit der Anlage über ihre gesamte Lebensdauer maximiert und ein optimaler Betrieb sichergestellt werden.

Robuste Montagesysteme für maximale Langlebigkeit

Du hast nun alle Komponenten für deine Photovoltaikanlage beisammen, von den Solarmodulen über den Wechselrichter bis hin zum Batteriespeicher und optionalen Smart Metering Lösungen. All diese leistungsfähigen Komponenten müssen nun auch den sicheren Weg auf dein Dach oder in deinen Elektrik-Keller finden. Insbesondere für die Solarmodule gibt es spezielle Montagesysteme, die speziell für Anwendungen in der Photovoltaik konstruiert wurden und deine PV-Anlage durch ihre robuste Bauweise vor äußeren Einflüssen wie Wetter und Witterung schützen.

Die Installation von Photovoltaikanlagen auf Dächern stellt aufgrund der Vielfalt an Dachkonstruktionen und den entsprechenden Montagesystemen eine individuelle Herausforderung dar. Jede Dachart, ob Dachpfannen, Falzziegeln, Biberschwänze, Wellzementplatten, Blechdächer, Schieferdächer oder Bitumendachbahnen, erfordert eine spezifische Planung und Montagetechnik.

Gebäudestatik und Systemstatik sicherstellen

Vor der Montage einer Photovoltaikanlage muss die Tragfähigkeit des Daches sorgfältig geprüft werden. Hierbei kann es – insbesondere bei älteren

Gebäuden – notwendig sein, Bauunterlagen zu konsultieren oder einen Baugutachter hinzuzuziehen. Aus der Sicht der Gebäudestatik ist zudem zu prüfen, ob die **Lastreserven** des Gebäudedaches ausreichen, um die zusätzliche Last durch die Photovoltaikanlage und ihr Montagesystem langfristig zu tragen. Eine durchschnittliche Photovoltaikanlage bringt zusätzliche 20-25 Kilogramm pro Quadratmeter auf das Dach. Zusätzlich müssen bei der Planung weitere Lasten wie Schnee oder Wind berücksichtigt werden. In Deutschland gibt es beispielsweise verschiedene Schneelastzonen, in denen ein unterschiedliches Gewicht zusätzlich von der Gebäudestatik getragen werden muss. Der Austausch zwischen dir als Gebäudeeigentümer und der Installationsfirma ist für eine erfolgreiche Montage Deines PV-Systems unausweichlich.

Neben der Gebäudestatik muss auch die Systemstatik, also die Stabilität des Montagesystems und der PV-Anlage selbst, gewissen Anforderungen genügen. Sie bildet die Basis für die Wahl des Montagesystems und die Positionierung der Befestigungspunkte. Dabei sollten die Standsicherheit, die Bauweise und die Art des Daches ebenso wie die vorhandenen Tragreserven berücksichtigt werden.

Wichtig zu beachten ist, dass die Installation von PV-Anlagen auf Asbestdächern gesetzlich verboten ist. Ist dein Hausdach also mehr als 25 Jahre alt, solltest du im Vorhinein prüfen oder prüfen lassen, ob bei der Dacheindeckung der gesundheitsschädliche Baustoff Asbest verbaut wurde. Bei Flachdächern ist insbesondere die Windlast zu beachten, da diese Dachform eine erhöhte Angriffsfläche für Wind bietet. Eine gängige Lösung hierfür ist die Ballastierung mit Zusatzgewichten, um die Anlage stabil zu halten. Bei Ziegeldächern kommen häufig Sparrenanker oder Dachhaken zum Einsatz, während bei Wellzementplatten die Befestigung oft mit Stockschrauben erfolgt. In jedem Fall sollten du und dein Installateur euch für hochwertige Schrauben aus Edelstahl entscheiden, um die einzelnen Elemente des Montagesystems mit der Bausubstanz zu verbinden. Diese sind im Gegensatz zu den günstigeren Aluminiumschrauben langlebiger, robuster und sicherer. Für dachintegrierte Lösungen existieren spezielle Sonderbefestigungen.

Jeder Dachhaken muss ein
CE Kennzeichen haben.

Zusammenfassend erfordert die Montage von Photovoltaikanlagen auf unterschiedlichen Dachtypen eine gründliche Planung und Berücksichtigung der spezifischen Eigenschaften des jeweiligen Daches. Nur durch eine fachgerechte Installation, die sowohl die statischen Anforderungen des Gebäudes als auch die individuellen Gegebenheiten des Daches berücksichtigt, kann eine sichere, effiziente und langfristig erfolgreiche Nutzung der Photovoltaikanlage gewährleistet werden.

Die Dachmontage der PV-Module erfolgt
mithilfe von speziellen Befestigungssystemen.

Zuverlässige Sicherheit dank professioneller Verkabelung

Bei der Installation einer Photovoltaikanlage ist die fachgerechte Verkabelung sowohl auf der Gleichstrom- (DC) als auch auf der Wechselstromseite (AC) von entscheidender Bedeutung. Auf der Gleichstromseite verbinden die Kabel die Solarmodule bis zum Wechselrichter, während die Wechselstromverkabelung den Weg vom Wechselrichter bis zum Hausnetz oder dem öffentlichen Stromnetz bildet.

Gleichstrom-Verkabelung bei Photovoltaikanlagen

Die Gleichstrom-Verkabelung erfolgt häufig über das Dach und erfordert einen dauerhaften Schutz der Leitungen und Steckverbinder vor äußeren Einflüssen wie UV-Strahlung, Witterung und mechanischen Beschädigungen. Um Kurzschlüsse zu minimieren, ist eine einadrige Trennung der DC-Verkabelung wichtig.

Der Brandschutz spielt ebenfalls eine wesentliche Rolle bei der Gleichstrom-Verkabelung. Die Kabel sollten sicher hochgebunden werden, idealerweise mit UV-beständigen, schwarzen Kabelbindern. Bei der Dacheinführung, insbesondere bei Ziegeldächern, wird häufig ein Lüftungsziegel oder eine andere regendichte Einführung verwendet, um die Leitungen vor Wasser zu schützen. Eine alternative Möglichkeit ist die Führung der Leitungen durch ein Schutzrohr an der Außenwand des Gebäudes. Dabei sollte eine Zugentlastung eingesetzt werden, um die Leitungen sicher und stabil zu halten.

Die Steckverbindungen, die zum Anschluss der Module dienen, stellen einen weiteren kritischen Punkt dar. Hier ist es von größter Bedeutung, ausschließlich system- und herstellergleiche Stecker zu verwenden, um Passungenauigkeiten und dadurch bedingte Leistungsverluste oder Sicherheitsrisiken zu vermeiden. Diese Komponenten müssen hohe Qualitätsstandards erfüllen, um eine zuverlässige und sichere Verbindung zwischen den Modulen und dem Wechselrichter sicherzustellen.

Wechselstrom-Verkabelung bei Photovoltaikanlagen

Der Netzanschluss und die Einspeisung von Strom aus Photovoltaikanlagen in das öffentliche Stromnetz erfolgen durch die Verkabelung auf der Wechselstromseite (AC). Hier gibt es grundsätzlich zwei Möglichkeiten: Volleinspeisung oder Überschusseinspeisung. Bei der **Volleinspeisung** wird der gesamte erzeugte Strom direkt über einen eigenen Zähler ins Stromnetz eingespeist. Dies ist eine gängige Option für Anlagen, bei denen der erzeugte Strom nicht direkt vor Ort genutzt wird.

Volleinspeisung
Konzept, bei dem die gesamte von einer Solaranlage erzeugte Energie ins Stromnetz eingespeist wird.

Im Gegensatz dazu steht die Überschusseinspeisung, bei der der Strom zunächst ins Hausnetz fließt und nur der nicht selbst verbrauchte Überschuss über den Zähler ins Netz eingespeist wird. Hierfür kann ein **Zweirichtungszähler** mit zwei getrennten Zählwerken genutzt werden, der sowohl den Bezug als auch die Einspeisung von Strom misst. Diese Variante ist für Anlagenbesitzer interessant, die einen Teil des erzeugten Stroms selbst nutzen möchten.

Bei der Planung und Umsetzung des Netzanschlusses müssen die Technischen Anschlussbedingungen (TAB) des jeweiligen Netzbetreibers berücksichtigt werden. Diese Bedingungen variieren abhängig vom baulichen und technischen Zustand des Gebäudes, weshalb es kein Universalrezept für den Anschluss gibt. Die Umsetzung dieser Anforderungen ist Aufgabe des Installateurs, der jede Anlage individuell betrachtet und plant.

Nicht selten sind Verbesserungen an der technischen Gebäudeausrüstung notwendig, um die Anlage netzkonform zu betreiben. Dazu können Schutzeinrichtungen, die Erweiterung des Einbauraums für Sicherungen oder die Erweiterung des Zählerschranks für neue Zähler und Smart Metering-Einrichtungen gehören. Die hierfür zusätzlich benötigten Zähler können entweder beim Netzbetreiber gemietet oder vom PV-Betreiber neu gekauft werden. Diese Investitionen tragen dazu bei, die Solaranlage sicher und effizient mit dem Stromnetz zu verbinden und die Vorteile der Photovoltaik optimal zu nutzen.

Perfekt abgesichert: Blitz- und Überspannungsschutz für PV-Anlagen

Die Installation einer Photovoltaikanlage hat keinen Einfluss auf die Wahrscheinlichkeit eines Blitzeinschlags. Dennoch ist ein adäquater Blitz- und **Überspannungsschutz** eine wichtige Überlegung. Während dieser Schutz in vielen Wohngebäuden als optional angesehen wird, ist er in speziellen Anwendungen wie landwirtschaftlichen Betrieben, Schulen, Verkaufsstätten und Hochhäusern aufgrund der dort herrschenden besonderen Anforderungen unerlässlich. Auch aus versicherungstechnischen Gründen kann der Einbau eines solchen Schutzes sinnvoll sein.

Überspannungsschutz
Sicherheitseinrichtung in Photovoltaikanlagen, die elektrische Geräte vor Schäden durch zu hohe Spannung schützt.

Der äußere Blitzschutz umfasst Fang- und Ableiteinrichtungen, die direkt am Gebäude angebracht werden, um Blitze abzuleiten und so das Gebäude und die PV-Anlage zu schützen. Der innere Blitzschutz hingegen dient dazu, Überspannungen zu verhindern, die durch indirekte Blitzeinschläge oder andere Störungen im Stromnetz entstehen können. Diese können empfindliche elektronische Komponenten der PV-Anlage beschädigen.

Welches Maß an Blitz- und Überspannungsschutz für eine bestimmte Anlage notwendig ist, sollte in jedem Fall individuell entschieden werden. Eine fachkundige Beratung durch Deinen PV-Planer und sowie den Installationsbetrieb ist in diesem Zusammenhang daher unerlässlich. Auf diese Weise stellst du sicher, dass die PV-Anlage nicht nur effizient, sondern auch sicher betrieben wird und langfristig vor potenziellen Schäden geschützt ist.

Die fachgerechte Verkabelung der PV-Anlage erfolgt durch einen erfahrenen Elektriker.

PRAXIS- UND FINANZ- FRAGEN

Inbetriebnahme,
Wirtschaftlichkeit,
Wartung und mehr

Praktische und finanzielle Fragestellungen

Geht es an die konkrete Planung und Umsetzung einer Photovoltaikanlage, stellen sich unweigerlich einige praktische Fragen. Wie viel Strom kann oder soll meine Photovoltaikanlage generieren? Wie wirtschaftlich ist die Nutzung oder Einspeisung von selbst erzeugtem Solarstrom? Und wie finanziere ich die je nach Anlagengröße beträchtliche Investition in eine grüne Energiequelle?

All diese und noch viele weitere Fragen beantworten wir dir in diesem Kapitel. Auf den kommenden Seiten erfährst du alles über Wirtschaftlichkeitsberechnungen, Ertragsmessungen und Finanzierungsmöglichkeiten wie die Einspeisevergütung oder diverse Förderungen. Auch wichtige Aspekte für den sorgenfreien Betrieb deiner Photovoltaikanlage von den wichtigsten Versicherungen bis hin zur regelmäßigen Wartung und Reinigung der PV-Module und der weiteren Komponenten besprechen wir in diesem Kapitel.

Wie wirtschaftlich ist eine Solaranlage?

Eine Solaranlage zu installieren, ist zweifellos eine langfristige Investition. Daher stellt sich die Frage nach der Wirtschaftlichkeit. Während die Einspeisevergütung aktuell niedriger ist als in der Vergangenheit, als zweistellige Renditen möglich waren, sind auch die Systempreise für den Einstieg in die Photovoltaik gesunken. Wichtiger als die Gewinnmaximierung durch die Einspeisevergütung ist in vielen Fällen die Unabhängigkeit von den schwankenden und teils extremen Energiepreisen. Eine Investition in Photovoltaik ist damit auch eine Investition in langfristige Sicherheit.

Aufgrund der sich ständig ändernden Anschaffungspreise für PV-Komponenten sowie der variablen Stromkosten und Einspeisevergütungen ist es schwierig, konkrete Rechenbeispiele anzuführen. Daher verzichten wir darauf, um die mittelfristige Aktualität des Buches zu wahren. Wirtschaftlichkeitsbetrachtungen müssen individuell und unter Berücksichtigung verschiedener Faktoren wie Größe und Effizienz der Anlage, Eigenverbrauchsanteil und Wahl der Speichermedien durchgeführt werden.

Systemkosten als zentrale Investition

Bei den Systempreisen müssen alle Komponenten berücksichtigt werden, wobei die PV-Module den größten Kostenfaktor darstellen und bis zu einem Drittel oder der Hälfte der Gesamtinvestition ausmachen können. Die Investitionskosten für PV-Anlagen liegen aktuell bei etwa 1500-3000 Euro netto pro Kilowatt Peak (kWp) Leistung, wobei größere Anlagen pro Leistungseinheit günstiger sind als kleinere. Innerhalb weniger Jahre haben sich die Kosten fast um 80% reduziert.

Batteriespeicher stellen eine weitere bedeutende, wenn auch optionale Investition dar, die je nach Größe im mittleren vierstelligen Bereich liegt. Der Netzanschluss bei kleinen Dachanlagen unter einer Nennleistung von 30kWp ist in der Regel kostentechnisch vernachlässigbar. Laut einer Studie des Fraunhofer-Instituts für solare Energiesysteme ISE betragen die **Stromgestehungskosten** für Solarstrom nur etwa 5-7 Cent pro **Kilowattstunde**, was ihn deutlich günstiger macht als den Strom aus konventionellen, fossilen Energieträgern.

Stromgestehungskosten
Kosten, die für die Erzeugung einer Einheit elektrischer Energie anfallen.

Kilowattstunde (kWh)
Maßeinheit für Energie, entspricht der Leistung von einem Kilowatt über eine Stunde.

Alarmierend ist der Anstieg des Strompreises in den ersten zwei Jahrzehnten des 21. Jahrhunderts von ca. 14 Cent/kWh auf über 40 Cent/kWh. Solche Strompreise hätte wohl vor wenigen Jahren niemand für möglich gehalten. Wie der Strompreis in 5 oder 10 Jahren steht, ist ebenso schwer vorherzusagen. Ich habe aber noch keinen Kunden getroffen, der ernsthaft geglaubt hat, dass der Preis sich wieder nach unten bewegen könnte. Da alles, inklusive unserer Autos, in Zukunft elektrisch sein wird, ist wohl zu erwarten, dass sich auch der Preis weiter stramm nach oben bewegt.

Dies macht Photovoltaikanlagen langfristig gesehen wirtschaftlich attraktiv, insbesondere wenn der Eigenverbrauch hoch ist. Das Betreibermodell der PV-Eigenversorgung mit Überschusseinspeisung ist dabei dem Modell der Netz-Volleinspeisung in Sachen Gesamtrendite überlegen.

Die **EEG-Umlage**, die für den Eigenverbrauch als weiterer Kostenfaktor hinzukommt, ist nur relevant, wenn die Nennleistung der Anlage 30 kWp überschreitet. Diese Umlage dient dazu, die Differenz zwischen den Marktpreisen für Strom und den höheren Kosten für die Erzeugung von Strom aus erneuerbaren Energiequellen zu decken.

EEG-Umlage
Programm zur Förderung erneuerbarer Energien, finanziert durch Stromkunden.

Maximale Wirtschaftlichkeit durch Optimierung des Eigenstromverbrauchs

Die Wirtschaftlichkeit einer Photovoltaikanlage hängt maßgeblich von der Optimierung des Eigenstromverbrauchs ab. Ein Kernproblem dabei ist, dass ohne Speicher der Netzbezug und die Stromerzeugung zeitlich nicht deckungsgleich sind. Es kommt zu Verlusten, insbesondere zur Mittagszeit, wenn die Sonne am stärksten scheint, während morgens und abends zusätzlicher Strom aus dem Netz bezogen werden muss. Daher ist der Einsatz eines Speichers entscheidend, um die Eigenverbrauchsquote zu steigern . Ein Speicher ermöglicht es, den bei Solarüberschuss erzeugten Strom zu speichern und ihn bei Solarunterschuss zu nutzen.

Intelligentes Monitoring in Kombination mit automatischen Steuerungen unterstützt die optimale Verteilung des Stromverbrauchs über den Tag. Dadurch können Lastspitzen vermieden werden. Die Dimensionierung des elektrischen Speichers ist allerdings eine Herausforderung, da er idealerweise auf das elektrische **Lastprofil** des Haushalts abgestimmt sein sollte. Eine Faustregel besagt, dass der Speicher nicht größer als ein Tausendstel des jährlichen Stromverbrauchs sein sollte – bei einem Jahresverbrauch von 5000 kWh also eine Batteriegröße von etwa 5 kWh. Ein weiterer positiver Aspekt, der dir bei der Wirtschaftlichkeitsbetrachtung eines Energiespeichers zugute kommt, ist der stetige Preisrückgang für Speicherlösungen, vor allem bedingt durch die Massenproduktion von Lithium-Ionen-Batterien. Diese Entwicklung macht die Anschaffung von Speichern finanziell zunehmend attraktiver.

Genaue Prognosen zur Wirtschaftlichkeit kaum möglich

Eine genaue Wirtschaftlichkeitsbetrachtung einer PV-Anlage ist und bleibt dennoch schwierig, da die wirtschaftlichen Entwicklungen, beispielsweise hinsichtlich des Strompreises, nur schwer vorhersehbar sind. Insbesondere die Tatsache, dass diese Entwicklungen eng mit globalen ökologischen sowie politischen Entwicklungen zusammenhängen, macht eine Prognose über lange Zeiträume hinweg kompliziert. Bei einem Investitionszeitraum von bis zu 30 Jahren sind zuverlässige Prognosen kaum möglich.

Für eine detaillierte Wirtschaftlichkeitsbetrachtung müssen zahlreiche Faktoren berücksichtigt werden: Die anfänglichen Installationskosten, die erwartete Lebensdauer der Anlage, Wartungs- und Reparaturkosten, mögliche Steigerungen der Energiepreise und die Entwicklung der Einspeisevergütung. Die Entscheidung für eine PV-Anlage sollte daher immer unter Berücksichtigung der individuellen Bedingungen und Bedürfnisse sowie der aktuellen Marktlage getroffen werden. Ein wichtiger Faktor ist die Amortisationszeit – der Zeitpunkt, an dem die Einnahmen aus der Anlage die ursprünglichen Ausgaben überschreiten und ab dem dann nur noch Gewinn erzielt wird.

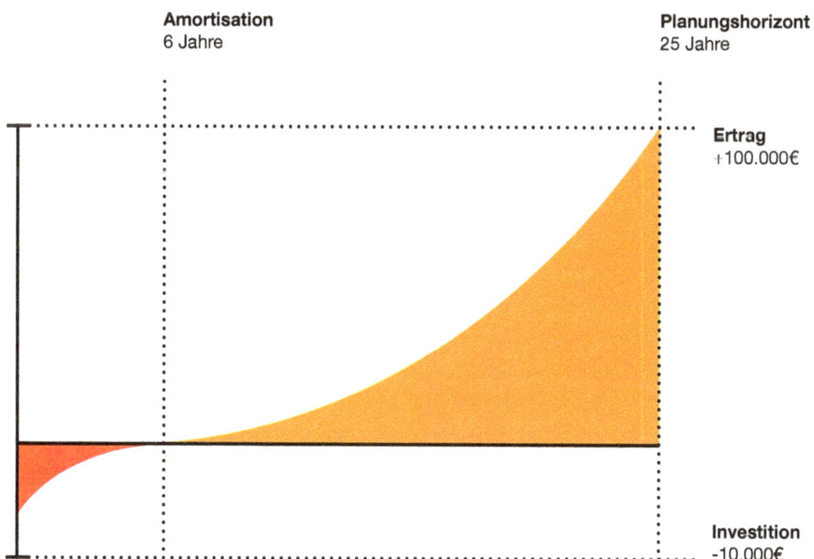

Förderungen und Einspeise-vergütung: Photovoltaikanlage finanzieren

Die Finanzierung einer Photovoltaikanlage ist eine entscheidende Frage, wenngleich die Investitionskosten in den letzten Jahren gesunken sind. Es gibt verschiedene Möglichkeiten der Finanzierung, die von der Nutzung von 100 Prozent Eigenkapital bis hin zur Aufnahme eines Kredits reichen. Eine attraktive Option ist die Kreditanstalt für Wiederaufbau (KfW), die Kreditangebote für Photovoltaik-Investitionen mit günstigen Zinssätzen und langen Laufzeiten bereithält. Diese Konditionen sind dabei deutlich günstiger als klassische Zinskredite von Hausbanken. Bei der Finanzierung über die KfW sollte allerdings ein gewisses Eigenkapital eingebracht werden.

Seit 2012 fördert die Bundesregierung neben PV-Modulen auch Solarstromspeicher, wobei ebenfalls die KfW ebenfalls die Abwicklung dieser Förderungen übernimmt. Es ist wichtig, Förderungen frühzeitig zu beantragen, da bereits installierte und in Betrieb genommene Systeme oft nicht mehr förderfähig sind. Zudem dürfen meist keine anderen Fördermittel vorher in Anspruch genommen worden sein, und die spezifischen Anforderungen der Förderung müssen genau beachtet werden, um sicherzustellen, dass die Investition in das Profil der Förderung passt. Eine Genehmigung der Förderung muss vorab erfolgen.

Zuschüsse durch Bundesländer, Städte und regionale Stakeholder

Zusätzlich zu Bundesförderungen gibt es auch Förderungen durch Bundesländer, Kommunen und Städte, manchmal auch durch Stadtwerke oder Energieversorger. Diese lokalen Förderungen unterstützen bestimmte Projekte von Privat- und Gewerbekunden bis zu einem festgelegten Förderbudget. Oft handelt es sich dabei um nicht rückzahlungspflichtige Zuschüsse. Allerdings ändern sich die Bedingungen und Verfügbarkeiten dieser lokalen Förderungen von Jahr zu Jahr. Daher ist es ratsam, vor jeder Anschaffung Recherchen anzustellen oder sich beraten zu lassen, um die potenziellen Fördermöglichkeiten in der jeweiligen Region auszuloten. So gelingt es dir, die Anschaffung deiner PV-Anlage bestmöglich subventionieren zu lassen.

Refinanzierung der PV-Anlage mit der Einspeisevergütung

Die Einspeisevergütung stellt eine langfristige Finanzierungsmöglichkeit für Photovoltaikanlagen dar. Allerdings ist die Vergütung in den letzten 20 Jahren von ehemals 60 Cent/kWh auf heute etwa 8 Cent/kWh gesunken. Diese Reduktion spiegelt sich zwar auch in den geringeren Investitionskosten für PV-Anlagen wider: Im Jahr 2000 konnte eine PV Anlage schon mal 100.000 Euro kosten. Und Speicher gab es damals noch nicht. Doch um die Wirtschaftlichkeit einer Solaranlage zu maximieren, ist ein hoher Eigenstromverbrauch sinnvoll, da die Differenz zwischen dem Strompreis und der Einspeisevergütung mit bis zu 32 Cent/kWh deutlich höher ist als die reine Einspeisevergütung.

Alternative: Miete oder Pacht einer PV-Anlage

PV-Miete/PV-Pacht
Modell, bei dem Photovoltaikanlagen gemietet oder gepachtet statt gekauft werden.

Eine alternative Finanzierungsmöglichkeit bietet die **PV-Miete oder -Pacht**. Diese Option eignet sich insbesondere für Personen mit geringem Eigenkapital und stellt eine Alternative zur klassischen Kreditaufnahme dar. Der Vorteil dieses Modells liegt darin, dass Planung, Installation, Wartung und Reparatur der Anlage durch den Vermieter, beispielsweise einen Investor oder die Stadtwerke, übernommen werden. Der Mieter bezahlt dafür eine feste Mietzahlung, entweder monatlich oder quartalsweise, und wird zum eigenständigen PV-Betreiber. Dieses Modell ermöglicht es Mietern, von einer Photovoltaikanlage zu profitieren, ohne die volle Verantwortung und die anfänglich hohen Investitionskosten tragen zu müssen.

Jedoch ist die PV-Miete kein Rundum-Sorglos-Paket. Trotz der Unterstützung durch den Vermieter bleibt die Verwaltung und Abrechnung beim Energieversorger eine Aufgabe des Mieters. Dies beinhaltet die Überwachung des Anlagenbetriebs, die Koordination bei Wartungs- oder Reparaturarbeiten und die Abwicklung der finanziellen Aspekte, wie etwa die Einspeisevergütung. Durch die festen monatlichen Kosten entsteht zudem auch eine gewisse Abhängigkeit, die dem Gedanken der Energieautarkie im Wege steht.

Insgesamt bieten sowohl die traditionelle Finanzierung über Einspeisevergütung mit hohem Eigenverbrauchsanteil als auch das Miet- oder Pachtmodell effektive Wege, um in die Nutzung von Solarenergie zu investieren. Beide Optionen haben ihre spezifischen Vor- und Nachteile, die je nach individueller Situation abgewogen werden müssen. Während die Einspeisevergütung eine langfristige Rendite ermöglicht, bietet die PV-Miete eine niedrigschwellige Möglichkeit, um ohne große Anfangsinvestitionen oder Eigenkapital in erneuerbare Energien einzusteigen. Letztendlich hängt die Entscheidung für das eine oder andere Modell von deinen persönlichen finanziellen Umständen, deinen Zielen und den spezifischen Gegebenheiten der Immobilie ab.

Versicherungen für deine PV-Anlage

Der Abschluss von Versicherungen für Photovoltaikanlagen ist wichtig, um dich gegen mögliche Schadensfälle abzusichern, insbesondere da es sich um eine wertvolle Investition handelt. Überspannung, Schneedruck und Sturm zählen zu den häufigsten Risiken einer PV-Anlage, und besonders kostspielig können Brandschäden sein. Daher ist es wichtig, geeignete Versicherungen für den Sachschutz abzuschließen.

Eine Montageversicherung, die in der Regel durch den Installateur abgedeckt wird, sichert Schäden und Verluste während der Montagearbeiten oder beim Abladen der Anlagenkomponenten ab. Die Photovoltaik- bzw. **Allgefahrenversicherung** geht noch einen Schritt weiter und bietet eine umfassende Deckung. Sie schützt vor Schäden durch Naturereignisse und -katastrophen, Sabotage und Vandalismus, Bedienungsfehler und Ungeschicklichkeit, Überspannung und Kurzschluss, Konstruktions- und Materialfehler sowie Diebstahl und höhere Gewalt. Darüber hinaus enthält diese Versicherung oft auch eine Ertragsausfallversicherung, die pauschale Tagesbeiträge im Falle eines Ertragsausfalls leistet und den Leistungsumfang einer herkömmlichen Wohngebäudeversicherung erweitert. Eine Betreiberhaftpflichtversicherung ist optional, aber empfehlenswert, um Schäden abzudecken, die beispielsweise durch herunterfallende Module entstehen können. Sie

Allgefahrenversicherung
Versicherung, die eine breite Palette von Risiken für PV-Anlagen abdeckt und bei den verschiedensten Schäden an der Anlage greift.

stellt eine wichtige Absicherung dar, um das Risiko von Haftungsansprüchen Dritter abzufedern.

Vor dem Versicherungsabschluss: Das Kleingedruckte lesen!

Bevor man eine Versicherung für die PV-Anlage abschließt, ist es entscheidend, alle Klauseln und Bedingungen genau zu prüfen und auch zu beachten, welche Schäden nicht versichert sind. So schließen manche Versicherungsanbieter beispielsweise das Schadenrisiko „Feuer" bei feuergefährdeten Betriebsstätten wie landwirtschaftlichen Betrieben oder Lagerstätten komplett aus. Zudem kann vorgeschrieben sein, dass ein Blitz- und Überspannungsschutz vorhanden sein muss, damit die Versicherung im Schadensfall ihre Leistung nicht verweigert.

Insgesamt ist die richtige Versicherungswahl ein komplexer Prozess, der nicht nur die Art der Anlage und das individuelle Risikoprofil berücksichtigen, sondern auch die spezifischen Bedingungen und Anforderungen des Versicherungsgebers einbeziehen muss. Eine umfassende Beratung durch einen Fachmann ist daher unerlässlich, um den besten Versicherungsschutz für die jeweilige Photovoltaikanlage zu finden. Dabei sollte das Hauptaugenmerk darauf liegen, einen ausgewogenen Schutz zu einem angemessenen Preis zu erhalten, der sowohl die Investition sichert als auch langfristig finanziell tragbar ist.

Inbetriebnahme, Wartung und Anlagenreinigung

Wenn du alle erforderlichen Komponenten beisammen hast, diese durch einen Fachbetrieb deines Vertrauens montiert und betriebsbereit installiert wurden, ist der große Moment gekommen: Die Inbetriebnahme deiner neuen PV-Anlage kann nun endlich beginnen. Damit dabei alles glatt läuft, sind einige Aspekte zu beachten.

Formalitäten beachten – die korrekte Inbetriebnahme einer PV-Anlage

Die erstmalige Inbetriebnahme einer Photovoltaikanlage durch den zuständigen Netzbetreiber ist ein wichtiger Meilenstein und erfordert verschiedene Schritte. Zunächst muss ein Antrag zur Neuanmeldung der Anlage gestellt werden, begleitet von einer Meldung der Betriebsbereitschaft. Diese Meldung sollte einen Übersichtslageplan und eine detaillierte Beschreibung der Wechselrichter sowie der Schutzeinrichtungen beinhalten. Vor der Inbetriebnahme ist außerdem eine gründliche Prüfung der Anlagensicherheit erforderlich. Diese Prüfung muss von einem qualifizierten Fachbetrieb durchgeführt und dokumentiert werden. Als Betreiber der Anlage erhältst du eine Kopie dieser Dokumentation, die als Nachweis der ordnungsgemäßen Installation und Sicherheitsüberprüfung dient.

Der Prozess der Inbetriebsetzung selbst umfasst mehrere Schritte. Dazu gehört je nach Netzbetreiber die Besichtigung der Anlage, um sicherzustellen, dass sie gemäß den technischen und sicherheitsrelevanten Anforderungen installiert wurde. Weiterhin erfolgt eine Anlaufprüfung des Zählers, bei der der Zähleranfangsstand protokolliert wird. Ein weiterer wichtiger Schritt ist die Prüfung auf das Ansprechen der Schutzeinrichtung, um zu gewährleisten, dass die Anlage bei Fehlfunktionen oder Problemen im Netz automatisch abgeschaltet wird.

Für die Inbetriebnahme ist es zudem unerlässlich, die vollständige Anlagendokumentation bereitzuhalten. Diese sollte Folgendes umfassen: Anlagenidentifikation, die Leistung des Systems, Angaben zu Hersteller, Anzahl und Typ aller Komponenten, Spezifikationen der Solarmodule, das Installationsdatum, das Datum der Inbetriebnahme, Name und Anschrift des Anlagenbetreibers sowie des Anlagenstandorts. Auch Angaben zum Systementwickler bzw. Planer und zum Systeminstallateur sollten nicht fehlen. Zudem gehören zum Dokumentationsumfang der **Stromlaufplan**, Datenblätter und weitere Spezifikationen zu den Komponenten, beispielsweise die Seriennummer des Wechselrichters.

Stromlaufplan
Grafische Darstellung der elektrischen Schaltungen und Komponenten einer PV-Anlage.

Die sorgfältige Durchführung dieser Schritte stellt sicher, dass die Photovoltaikanlage sicher und gemäß den regulatorischen Vorschriften betrieben wird. Dies ist nicht nur für die Sicherheit entscheidend, sondern auch für die langfristige Leistungsfähigkeit und Wirtschaftlichkeit der Anlage. Durch die genaue Dokumentation und Einhaltung der Inbetriebnahmeprozesse wird gewährleistet, dass die Anlage optimal funktioniert und die maximale Energieeffizienz erreicht wird.

Langlebigkeit und Effizienz durch gewissenhafte Prüfung und Wartung

Die Wartung einer Photovoltaikanlage ist entscheidend, um ihre Langlebigkeit und Effizienz zu gewährleisten, auch wenn sie als relativ wartungsarm gilt und keinen mechanischen Verschleiß aufweist. Eine regelmäßige Überprüfung ist notwendig, um die Betriebssicherheit zu erhalten, da PV-Anlagen ständig äußeren Umwelteinflüssen ausgesetzt sind und aus vielen Einzelkomponenten bestehen. Der Ausfall auch nur einer einzelnen Komponente kann zu erheblichen Problemen im Gesamtsystem führen. Ziel ist es, die Effizienz der Anlage über die Amortisationszeit hinaus zu erhalten und zu steigern.

Nach den Empfehlungen der Berufsgenossenschaft der Feinmechanik und Elektrotechnik (BGFE) sollten bestimmte Wartungsarbeiten in festgelegten Intervallen durchgeführt werden. Tägliche Kontrollen der Störungsanzeigen am Wechselrichter sind wichtig, um Probleme zu identifizieren. Monatliche Ertragskontrollen durch das Erfassen der Zählerstände helfen, die Effizienz der Anlage im Blick zu behalten. Halbjährliche Inspektionen der Solarmodule tragen dazu bei, Verschmutzungen, lockere Befestigungen oder Beschädigungen zu identifizieren. Ebenso wichtig ist die Überprüfung der Kabel auf Schmorstellen, Tierverbiss und andere äußere Schäden.

Eine jährliche Wiederholungsprüfung, die an die Erstprüfung der Anlage angelehnt ist, stellt sicher, dass alle Komponenten wie gewünscht funktionieren. Alle vier Jahre steht zudem eine Kontrolle der Überspannungsableiter auf Auslösung an, um den Blitz- und Überspannungsschutz aufrecht zu erhalten. Zusätzlich ist nach jedem Gewitter, Sturm oder starkem Schneefall eine Überprüfung der Solarmodule auf äußere Schäden oder Schnee- und Eisschäden empfehlenswert.

Beachte bei deinen Kontrollen, dass einige Versicherungen regelmäßige Prüfungen als Bedingung für ihre Leistungen vorschreiben. Wenn bei diesen hierbei Probleme festgestellt werden, solltest du schnell handeln und den Fachbetrieb deines Vertrauens kontaktieren. Idealerweise ist das der Betrieb, der die Anfangsmontage und Instandsetzung durchgeführt hat, da dieser die Anlage am besten kennt. Durch diese regelmäßigen Prüfungs- und Wartungsmaßnahmen zeigst du dich verantwortungsbewusst und stellst sicher, dass die Photovoltaikanlage langfristig effizient betrieben wird. Potenzielle Probleme frühzeitig zu erkennen und zu beheben, ist nicht nur für die Sicherheit, sondern auch für die Wirtschaftlichkeit der Anlage über ihre gesamte Lebensdauer hinweg von entscheidender Bedeutung.

Anlage reinigen, Energieertrag maximieren!

Die regelmäßige Anlagenreinigung ist ein wichtiger Aspekt für den Betrieb von Photovoltaikanlagen, da diese ständig der Witterung ausgesetzt sind. Verschmutzungen wie Vogelkot, Moosbildung im Randbereich der Module, Blätter und Blütenpollen sowie Staubablagerungen, die besonders in der Nähe von Ackerbauflächen, Industriegebieten, Abluftanlagen oder Schornsteinen auftreten, sind dabei ganz natürlich. Glücklicherweise werden einfache Verschmutzungen oft schon durch Niederschlag abgewaschen, indem der Selbstreinigungseffekt der Module greift, welcher bei einer Neigung von mehr als 15 Grad eintritt.

Eine regelmäßige professionelle Reinigung kann dennoch ein leichtes Ertrags-Plus von etwa 10 Prozent bringen. Ob sich eine solche Reinigung lohnt, hängt von verschiedenen Faktoren ab, insbesondere von der Zugänglichkeit der Anlage. Während Freiflächenanlagen in der Regel einfacher zu reinigen sind, kann die Reinigung von Dach- und Fassadenanlagen komplizierter sein. Für die professionelle Reinigung werden häufig Teleskopstangen mit Bürsten, Arbeitsbühnen oder Reinigungsroboter eingesetzt.

Die Schneeräumung kann hingegen besonders auf großflächigen Hallendächern aufwendig sein. In einigen Fällen werden sogar Helikopter mit Rotorblättern eingesetzt, um den Schnee zu entfernen.

Wichtig ist dabei, dass die Module beim Räumen nicht betreten werden und nur geeignetes Werkzeug zur Schneeentfernung verwendet wird.

Die Entscheidung, ob die Reinigung selbst durchgeführt oder ein Profi beauftragt wird, hängt von der Größe und Komplexität der Anlage ab. Während bei kleinen Anlagen eine Eigenreinigung möglich ist, sofern die Module nicht betreten werden, ist es bei größeren Anlagen in der Regel empfehlenswert, eine spezialisierte Firma zu beauftragen. Diese verfügt über die notwendige Ausrüstung und Erfahrung, um die Reinigung effizient und sicher durchzuführen, ohne die Module zu beschädigen.

Insgesamt ist die regelmäßige Reinigung von Photovoltaikanlagen ein wichtiger Bestandteil der Wartung, um eine optimale Leistung und einen hohen Energieertrag zu gewährleisten. Dabei sollte sowohl die Sicherheit als auch die Effizienz der Reinigungsmaßnahmen berücksichtigt werden, um die Langlebigkeit der Anlage zu sichern und ihren Ertrag zu maximieren.

SCHLUSS-WORT

Schlusswort

Der Weg zur nachhaltigen Energieversorgung durch Photovoltaik

Liebe Leserin, lieber Leser,

wir sind am Ende unseres umfassenden Universalratgebers zur Photovoltaik angelangt. In diesem Ratgeber haben wir eine breite Palette an Themen abgedeckt, die für die Planung, Installation und den Betrieb von Photovoltaikanlagen relevant sind. Unser Ziel war es, dich auf deinem Stand des Wissens abzuholen, dir ein tiefgreifendes Verständnis für das enorme Potenzial der Photovoltaik zu vermitteln und gleichzeitig auf die Wichtigkeit einer seriösen und professionellen Herangehensweise in allen Phasen eines Photovoltaikprojekts hinzuweisen. Ich hoffe, dass ich dich während deiner Lektüre für das Thema Photovoltaik begeistern konnte und dich vielleicht sogar motivieren konnte, das Projekt Photovoltaik in Angriff zu nehmen.

Die Kraft der Sonne nutzen

Wie wir gesehen haben, bietet Photovoltaik eine außergewöhnliche Möglichkeit, erneuerbare Energie zu nutzen. Die Technologie hat sich in den letzten Jahren rasant entwickelt, und dank fallender Preise und steigender Effizienz ist sie zugänglicher denn je. Das Buch hat dir gezeigt, wie Photovoltaik nicht nur zur Reduzierung der CO_2-Emissionen beiträgt, sondern auch eine wirtschaftliche Lösung zur Deckung unseres Energiebedarfs darstellt – sowohl auf individueller als auch auf nationaler und globaler Ebene.

Trotz niedrigerer Einspeisevergütungen bleibt die Photovoltaik eine attraktive Investition. Wir haben die Bedeutung der Amortisationszeit, verschiedene Finanzierungsmodelle wie PV-Miete oder PV-Pacht und die Verfügbarkeit von Förderungen und Zuschüssen unter die Lupe genommen. Diese Aspekte zeigen, wie Photovoltaikanlagen trotz anfänglicher Investitionskosten auf lange Sicht wirtschaftlich sein können.

Planung und Umsetzung aus Expertenhand

Ein wesentlicher Fokus lag auf der Bedeutung einer sorgfältigen Planung und professionellen Umsetzung. Von der Auswahl der richtigen Komponenten bis hin zur korrekten Installation und regelmäßigen Wartung – jedes Detail spielt eine entscheidende Rolle für die Effizienz und Langlebigkeit einer PV-Anlage. Setze dabei unbedingt auf qualifizierte Fachleute, um optimale Ergebnisse zu erzielen: Eine Photovoltaikanlage, die Spaß macht!

Großartige Perspektive mit Photovoltaik

Die Zukunft der Photovoltaik sieht vielversprechend aus. Mit der stetigen Verbesserung der Technologie und einem wachsenden Bewusstsein für die Notwendigkeit erneuerbarer Energien wird Photovoltaik weiterhin eine zentrale Rolle in der globalen Energielandschaft spielen. Die Möglichkeit, unabhängig von traditionellen Energiequellen zu sein und gleichzeitig zum Umweltschutz beizutragen, macht Photovoltaik zu einer der spannendsten Entwicklungen unserer Zeit.

Zusammenfassend lässt sich sagen, dass Photovoltaik weit mehr als nur eine Technologie ist – sie ist ein Wegweiser in eine nachhaltige und umweltfreundliche Zukunft. Die Entscheidung für eine Photovoltaikanlage ist eine Entscheidung für eine saubere, unabhängige und wirtschaftlich sinnvolle Energieversorgung.

Wir, die Norddeutsche Solar, hoffen, dass dieser Ratgeber dir wertvolle Einblicke und nützliches Wissen vermittelt hat, das dir bei deiner Entscheidung für Photovoltaik hilft. Möge das der Beginn deiner Reise in die Welt der Solarenergie sein!

SCHLUSSWORT

GLOSSAR

Photovoltaik-Fachbegriffe
von A bis Z

Glossar

In unserem umfassenden Photovoltaik-Glossar findest du detaillierte und verständliche Erklärungen zu Schlüsselbegriffen rund um das Thema Photovoltaik. Die Begriffe reichen dabei von technischen Spezifikationen rund um das Funktionsprinzip über Begriffe aus der Energiewirtschaft und dem Energierecht bis hin zu Komponenten der Photovoltaik. Von A wie Agri-Photovoltaik bis Z wie Zweirichtungszähler. Das Glossar ist speziell konzipiert, um dir einen schnellen und zugleich tiefgehenden Einblick in die Welt der Solarenergie zu ermöglichen.

Allgefahrenversicherung

Eine Allgefahrenversicherung bietet umfassenden Schutz für Photovoltaikanlagen und deckt Schäden durch eine Vielzahl von Risiken, wie Naturkatastrophen, Vandalismus oder technische Defekte, ab.

Agri-Photovoltaik

Agri-Photovoltaik ist ein innovatives Konzept, das die landwirtschaftliche Nutzung von Flächen mit der Erzeugung von Solarenergie kombiniert. Solarpanels werden dabei so installiert, dass sie sowohl grünen Strom produzieren als auch den darunterliegenden Boden für die Landwirtschaft nutzbar machen. Dies ermöglicht eine doppelte Nutzung der Fläche und erhöht die Effizienz der Landnutzung.

Amortisationszeit

Die Amortisationszeit ist der Zeitraum, in dem die Investitionskosten einer Photovoltaikanlage, durch Einsparungen oder Einnahmen wieder eingespielt werden. Sie ist ein wichtiger Faktor zur Bewertung der Wirtschaftlichkeit.

Balkonkraftwerk

Ein Balkonkraftwerk ist eine kompakte Photovoltaikanlage, die speziell für den Gebrauch auf Balkonen oder in kleinen Gärten konzipiert ist. Sie ermöglicht es auch Bewohnern von Mehrfamilienhäusern oder städtischen Gebieten, an der Erzeugung erneuerbarer Energie teilzunehmen, indem sie Sonnenlicht direkt in nutzbaren Strom umwandelt, der entweder selbst verbraucht oder ins Netz eingespeist werden kann.

Busbars

Busbars sind leitfähige Streifen in Solarzellen, die zum Sammeln und Ableiten des durch die Solarzelle erzeugten Stroms dienen.

Cloud

In Bezug auf die Photovoltaik bezeichnet der Begriff Cloud eine virtuelle Speicherlösung, in der überschüssiger Solarstrom gespeichert wird, um ihn zu einem späteren Zeitpunkt zu nutzen. Nutzer können ihren überschüssigen Strom in die Cloud einspeisen und bei Bedarf darauf zugreifen, was die Energieautarkie erhöht. Cloud-Speichermodelle bieten eine flexible und effiziente Möglichkeit, Solarstrom zu speichern und zu verwalten, insbesondere wenn der eigene Bedarf und die Stromproduktion zeitlich nicht übereinstimmen.

CO2-Emissionen

CO2-Emissionen bezeichnen die Freisetzung von Kohlenstoffdioxid in die Atmosphäre, vorwiegend durch menschliche Aktivitäten wie Verbrennung fossiler Brennstoffe, Entwaldung und industrielle Prozesse. Diese Emissionen sind ein Hauptfaktor des menschengemachten Treibhauseffekts, der zur globalen Erwärmung und Klimaveränderungen beiträgt.

Datenlogger

Ein Datenlogger in einer Photovoltaikanlage zeichnet wichtige Betriebsdaten auf, wie Energieerzeugung und -verbrauch, zur späteren Analyse und Optimierung der Anlagenleistung.

EEG-Umlage

Die EEG-Umlage dient der Finanzierung der staatlichen Förderung erneuerbarer Energien, beispielsweise der Photovoltaik, in Deutschland. Sie wird von allen Stromverbrauchern bezahlt und ermöglicht die wirtschaftliche Umsetzung von Projekten zur Erzeugung erneuerbarer Energie.

Eigenverbrauchsquote

Die Eigenverbrauchsquote ist der Prozentsatz des selbst erzeugten Solarstroms, der direkt im Haushalt oder im Unternehmen genutzt wird. Er steht im Gegensatz zum Anteil, der ins allgemeine Stromnetz eingespeist wird.

Einspeisevergütung

Die Einspeisevergütung ist eine finanzielle Kompensation, die man für die Einspeisung von selbst erzeugtem Strom, etwa aus Photovoltaik, ins öffentliche Stromnetz erhält. Dieses System soll die Investition in erneuerbare Energietechnologien attraktiver machen und trägt zur Förderung grüner Energie bei.

Elektrode

Eine Elektrode ist ein leitender Körper, der in elektrischen Systemen verwendet wird, um den Kontakt mit einem Halbleiter herzustellen. In Batterien und Akkus sind Elektroden die Punkte, an denen der elektrische Strom ein- oder austritt. In Photovoltaikzellen übernehmen Elektroden die wichtige Aufgabe, die durch Licht erzeugten Ladungsträger zu sammeln und in elektrischen Strom umzuwandeln.

Energiedichte

Die Energiedichte ist ein Maß dafür, wie viel Energie in einem Speichermedium pro Volumen- oder Gewichtseinheit gespeichert werden kann. Eine hohe Energiedichte bedeutet, dass eine große Menge an Energie in einem relativ kleinen oder leichten Gerät gespeichert werden kann. Dies ist entscheidend für die Effizienz und Praktikabilität von Energiespeicherlösungen, insbesondere in mobilen Anwendungen und bei der Speicherung erneuerbarer Energien.

Energiespeicher

Energiespeicher sind Systeme oder Geräte, die Energie in verschiedenen Formen speichern, um sie bei Bedarf verfügbar zu machen. Ihr Funktionsprinzip ähnelt etwa dem einer Batterie. Sie sind besonders wichtig in Verbindung mit Photovoltaik, da sie die schwankende Menge an erzeugter Energie ausgleichen und eine kontinuierliche Energieversorgung ermöglichen.

E-Mobilität

Elektromobilität, auch E-Mobilität genannt, beschreibt die Nutzung von Fahrzeugen, die durch elektrische Energie angetrieben werden, im Gegensatz zu herkömmlichen Verbrennungsmotoren. Dazu gehören Elektroautos, E-Bikes und elektrische Nutzfahrzeuge. Diese Fahrzeuge können durch spezielle Ladestationen mithilfe von Solarstrom aufgeladen werden.

Erneuerbare-Energien-Gesetz (EEG)

Das Erneuerbare-Energien-Gesetz (EEG) ist ein zentrales Instrument der deutschen Energiepolitik, das 2000 eingeführt wurde. Es zielt darauf ab, den Anteil erneuerbarer Energien wie Wind-, Solar- und Biomasseenergie am Gesamtenergieverbrauch zu steigern, indem es feste Einspeisetarife für erneuerbaren Strom und bevorzugte Netzanschlussbedingungen vorsieht.

Ertragserwartung

Die Ertragserwartung gibt an,
wie viel Energie eine Photovoltaikanlage voraussicht-
lich innerhalb eines Jahres
erzeugen wird. Diese Prognose basiert auf Faktoren wie
Standort, Ausrichtung, Wetterbedingungen und Modulqua-
lität und wird vom Planungsbüro vor der Umsetzung der
PV-Anlage berechnet.

Floating-Photovoltaik

Als Floating-Photovoltaik
bezeichnet man Solaranlagen,
die auf schwimmenden Platt-
formen auf Gewässern wie
Seen, Stauseen oder künstlichen Wasserflächen installiert
werden. Diese Anlagen nutzen
ungenutzte Wasserflächen
zur Energiegewinnung, ohne
Land zu beanspruchen, und
sind besonders in Gebieten
mit begrenztem verfügbaren
Land nützlich. Sie können auch
positive Auswirkungen auf das
Ökosystem des Gewässers
haben, indem sie beispielsweise die Verdunstung reduzieren.

Fossile Energieträger

Fossile Energieträger sind
natürliche Ressourcen wie
Kohle, Erdöl und Erdgas, die
aus Überresten urzeitlicher
Organismen entstanden sind.
Sie werden durch Verbren-
nung in Energie umgewandelt,
setzen dabei jedoch große
Mengen an Treibhausgasen
frei und sind aufgrund ihrer
begrenzten Verfügbarkeit nicht
nachhaltig.

Halbleiter

Halbleiter sind Materialien,
deren elektrische Leitfähigkeit zwischen der eines Leiters
und eines Nichtleiters liegt. Sie
sind essentiell in der modernen
Elektronik. In der Photovoltaik
spielen Halbleiter, insbesondere
das Halbleiter-Material Silizium
eine wichtige Rolle.

Heizstab

Ein Heizstab ist ein elektrisches Heizelement, das in Systemen wie Warmwasserspeichern verwendet wird, um elektrische Energie, in diesem Fall erzeugt durch Photovoltaik, in Wärme umzuwandeln und Wasser zu erwärmen.

Kilowattstunde (kWh)

Eine Kilowattstunde ist die Energiemenge, die von einer Anlage mit einer Leistung von einem Kilowatt über eine Stunde erzeugt oder verbraucht wird. Sie ist eine Standardmaßeinheit für Energie in der Elektrizitätswirtschaft.

Kraftstrom

Kraftstrom bezeichnet eine elektrische Versorgung mit höherer Leistung, meist mit 400 Volt, die für Geräte mit hohem Energiebedarf, wie größere Maschinen oder Elektroheizungen, eingesetzt wird.

Kreditanstalt für Wiederaufbau (KfW)

Die Kreditanstalt für Wiederaufbau (KfW) ist eine staatliche Förderbank in Deutschland, die Projekte in Bereichen wie Wirtschaftsförderung, Wohnungsbau, Umweltschutz und Exportfinanzierung unterstützt. Sie bietet günstige Kredite und Zuschüsse für Unternehmen, Kommunen und private Haushalte, um nachhaltige Entwicklung zu fördern. Ein Fokusbereich liegt dabei in der Photovoltaik

Lastmanagement

Lastmanagement bezeichnet das Verfahren zur Steuerung und Verteilung der Auslastung innerhalb eines Stromnetzes, um Spitzenlasten zu vermeiden und die Netzstabilität zu gewährleisten. Dies ist besonders wichtig in Systemen mit hohem Anteil an erneuerbaren Energien, da diese oft nicht konstant erzeugt werden, sondern im Falle der Photovoltaik von der schwankenden Sonneneinstrahlung abhängig sind. Durch Lastmanagement können diese Energiequellen effizienter genutzt, Energiekosten gesenkt und die Zuverlässigkeit des Stromnetzes verbessert werden.

Lastprofil

Ein Lastprofil zeigt den Stromverbrauch eines Haushalts oder Betriebs über einen bestimmten Zeitraum. Es ist wichtig für die Planung und Optimierung des Energiebedarfs und der Energieerzeugung, insbesondere in Verbindung mit erneuerbaren Energien.

Lastreserven

Lastreserven bezeichnen die zusätzliche Belastbarkeit eines Gebäudes oder einer Struktur über die bereits vorhandene Last hinaus, ohne dass es zu strukturellen Schäden kommt. Um eine Photovoltaikanlage fachgerecht zu montieren, ist eine ausreichend hohe Lastreserve des Gebäudedaches eine wichtige Voraussetzung.

Lineare Leistungsgarantie

Die lineare Leistungsgarantie versichert, dass Photovoltaikmodule über einen festgelegten Zeitraum einen definierten Prozentsatz ihrer Ausgangsleistung, typischerweise über 20 bis 25 Jahre, beibehalten.

Lithium-Ionen-Akku

Ein Lithium-Ionen-Akku ist ein wiederaufladbarer Akkumulator, kurz Akku, der Lithium-Ionen für die Energiespeicherung verwendet und sich durch eine hohe Energiedichte sowie eine geringe Selbstentladung auszeichnet.

Mittelspannungsnetz

Das Mittelspannungsnetz ist ein Teil des öffentlichen Stromnetzes, das höhere Spannungen als das Niederspannungsnetz führt, typischerweise zwischen 10 und 35 Kilovolt.

Monitoring

Monitoring in der Photovoltaik ist der Prozess der ständigen Überwachung und Analyse von Leistungsdaten einer Anlage, um ihre Effizienz, Funktionalität und mögliche Probleme wie Leistungsabfall oder technische Störungen zu identifizieren. Sie dient der Ertragsmessung und bildet die Grundlage für Nachjustierungen und Optimierungen.

Monokristalline Solarzellen

Monokristalline Solarzellen bestehen aus einem einzigen, kontinuierlichen Siliziumkristall, was ihnen eine besonders hohe Effizienz bei der Umwandlung von Sonnenlicht in Strom verleiht. Von außen sind sie an ihrer einheitlichen, dunkelblauen bis schwarzen Färbung und den abgerundeten Ecken der Zellen erkennbar.

Nennleistung

Die Nennleistung eines Photovoltaikmoduls, gemessen in Watt, definiert dessen maximale Leistungsfähigkeit unter standardisierten Testbedingungen, einschließlich einer definierten Einstrahlung, Zelltemperatur und atmosphärischen Bedingungen. In der Praxis liegen die Erträge einer Photovoltaikanlage meist leicht unter der Nennleistung.

Optimizer

Ein Optimizer in einer Photovoltaikanlage ist ein Gerät, das an einzelne Solarzellen oder Module angeschlossen wird, um deren Leistung individuell zu maximieren. Optimizer sind besonders nützlich in Anlagen mit partieller Verschattung, da sie Leistungsverluste in einzelnen Zellen ausgleichen und damit die Gesamteffizienz der Anlage verbessern.

Photovoltaik

Photovoltaik bezeichnet die direkte Umwandlung von Sonnenlicht in elektrische Energie mithilfe von Solarzellen. Diese Technologie ist besonders umweltfreundlich, da sie keine schädlichen Emissionen verursacht und auf der Nutzung einer unerschöpflichen Energiequelle – der Sonnenstrahlung – basiert. Sie spielt eine zunehmend wichtige Rolle in der nachhaltigen Energieversorgung mit regenerativen Energiequellen.

Photovoltaischer Effekt

Der photovoltaische Effekt beschreibt das Phänomen, bei dem Licht, genauer gesagt die in Lichtstrahlen enthaltenen Photonen, beim Auftreffen auf bestimmte Materialien wie etwa Silizium eine elektrische Spannung erzeugt. Diese Eigenschaft ist die Basis der Photovoltaik-Technologie, die Sonnenlicht direkt in elektrischen Strom umwandelt und für Solarzellenanwendungen genutzt wird.

Plug-and-Play

Das Plug-and-Play-Prinzip beschreibt Geräte, die ohne weitere manuelle Konfiguration direkt nach dem Anschließen funktionieren, was die Installation und Handhabung erheblich vereinfacht. Hierzu zählen beispielsweise Balkonkraftwerke und Stecker-Solaranlagen.

PV-Miete/PV-Pacht

Bei der PV-Miete oder PV-Pacht werden Photovoltaikanlagen nicht gekauft, sondern gemietet oder gepachtet. Dieses Modell umfasst oft Wartung und Service und erleichtert den Einstieg in die Nutzung von Solarenergie.

Regenerative Energie

Regenerative oder erneuerbare Energien stammen aus Quellen, die sich natürlicherweise ständig erneuern, beispielsweise Sonnenstrahlung, Wind, Wasserflüsse, Biomasse und geothermische Wärme. Diese Energiequellen bieten den Vorteil, umweltfreundlich und praktisch unerschöpflich zu sein, wodurch sie eine nachhaltige Alternative zu fossilen Brennstoffen darstellen.

Selbstentladungsrate

Die Selbstentladungsrate eines Akkus beschreibt, wie schnell er seine Ladung verliert, wenn er nicht in Gebrauch ist. Dieser Wert ist besonders bei Batteriespeichern wichtig, da eine niedrige Selbstentladungsrate bedeutet, dass die Batterie ihre gespeicherte Energie über einen längeren Zeitraum behalten kann. Eine geringe Selbstentladungsrate ist essentiell für die Effizienz und Langzeitnutzung von Energiespeichern.

Selbstreinigungseffekt

Der Selbstreinigungseffekt ermöglicht eine natürliche Reinigung von Solarmodulen durch Niederschläge wie Regen oder Schnee. Dieser Effekt ist besonders effektiv bei Modulen, die in einem Winkel von mehr als 15 Grad installiert sind, da Schmutz und Ablagerungen leichter abfließen oder abrutschen können, was die Wartungskosten verringert und die Leistungsfähigkeit der Anlage aufrechterhält. Energieverluste durch Verschmutzung sind dadurch ausgeschlossen.

Silizium

Silizium (Si) ist ein chemisches Element und ist der zweithäufigste Bestandteil in der Erdkruste. Es ist von zentraler Bedeutung in der Halbleiterindustrie und für die Herstellung von Photovoltaik-Modulen, da es eine elektrische Leitfähigkeit besitzt, die durch Licht beeinflusst werden kann. Um aus Silizium Solarzellen herstellen zu können, sind Reinigungsprozesse und Modifikationen notwendig.

Smart Metering

Smart Metering bezeichnet die Verwendung von intelligenten Zählern, die den Stromverbrauch in Echtzeit erfassen und übermitteln, um eine genauere und zeitnahe Abrechnung sowie Verbrauchsoptimierung zu ermöglichen. Smart Metering ist eine hervorragende Technologie, um die Effizienz von Photovoltaik zu messen, zu steuern und zu optimieren.

Solarmodul

Ein Solarmodul, auch als Photovoltaikmodul bekannt, ist eine Anordnung von vielen Solarzellen, um elektrischen Strom aus Sonnenlicht zu erzeugen. Diese Module können unterschiedliche Größen und Einsatzbereiche haben – von kleinen, tragbaren Einheiten bis hin zu großen Installationen auf Dächern oder in Solarparks.

Solarpark

Ein Solarpark, auch Solarkraftwerk genannt, ist eine groß angelegte Photovoltaikanlage, die auf freiem Gelände installiert wird. Diese Parks bestehen aus mehreren Photovoltaikmodulen, die zusammengefasst sind, um Strom in industriellem Maßstab zu erzeugen. Sie sind in der Regel an das öffentliche Stromnetz angeschlossen und tragen zur allgemeinen Versorgung mit erneuerbarer Energie bei.

Solarzelle

Eine Solarzelle ist ein elektronisches Bauelement, das das Prinzip des photoelektrischen Effekts nutzt, um Sonnenlicht direkt in elektrische Energie umzuwandeln. Sie besteht aus halbleitenden Materialien, üblicherweise Silizium, die bei Sonneneinstrahlung Elektronen freisetzen und so einen elektrischen Strom erzeugen.

String

Ein String in einer Solaranlage ist eine Reihe von Photovoltaikmodulen, die in Serie geschaltet sind, um die Spannung für den Wechselrichter zu erhöhen.

Stromgestehungskosten

Die Stromgestehungskosten bezeichnen die Gesamtkosten, die für die Erzeugung einer bestimmten Menge elektrischer Energie anfallen. Sie umfassen Kapital-, Betriebs- und Wartungskosten und sind entscheidend für die Bewertung der Wirtschaftlichkeit von Energieerzeugungssystemen.

Stromlaufplan

Ein Stromlaufplan ist eine schematische Darstellung der elektrischen Schaltungen und Komponenten einer Anlage. Er ist essentiell für Planung, Installation, Wartung und Fehlerbehebung elektrischer Systeme und erforderlich für die rechtskonforme Inbetriebnahme einer PV-Anlage.

Stromspeicherkapazität

Die Stromspeicherkapazität bezeichnet das maximale Volumen an elektrischer Energie, das ein Batteriespeicher oder ein anderes Speichermedium aufnehmen kann. Sie ist ein kritischer Faktor bei der Bewertung der Leistungsfähigkeit von Energiespeichersystemen, da sie bestimmt, wie viel Energie für die spätere Nutzung verfügbar ist. Eine hohe Stromspeicherkapazität ermöglicht eine längere Unabhängigkeit von externen Energiequellen und ist entscheidend für die Effizienz von Systemen zur Speicherung erneuerbarer Energien.

Texturierung

Unter der Texturierung einer Solarzelle bezeichnet man die Modifikation ihrer Oberflächenstruktur mit dem Ziel, mehr Fläche für den Lichteinfall zu schaffen. Das Ergebnis dieser kleinen, aber wirkungsvollen Veränderung ist eine Erhöhung der Leistung und damit des Ertrags.

Trafo (Transformator)

Ein Transformator ist ein elektrisches Gerät, das zur Änderung der Spannung in elektrischen Systemen verwendet wird. Transformatoren sind essentiell für die effiziente Übertragung und Verteilung elektrischer Energie in Photovoltaikanlagen, um die erzeugte Gleichspannung für die Einspeisung in das Stromnetz anzupassen.

TÜV

Der Technische Überwachungsverein (TÜV) ist eine unabhängige, international agierende Organisation, die Sicherheitsprüfungen und Zertifizierungen von technischen Anlagen, Fahrzeugen und Produkten durchführt. In der Photovoltaik-Branche spielen TÜV-Zertifikate eine wichtige Rolle, da sie die Qualität, Sicherheit und Leistungsfähigkeit von Solaranlagen und deren Komponenten, aber auch von Dienstleistern, Handwerkern sowie Planungsbüros bestätigen.

Überschusseinspeisung

Überschusseinspeisung bezeichnet den Teil des Solarstroms, der nicht sofort verbraucht wird und daher ins öffentliche Stromnetz eingespeist wird, oft gegen eine Vergütung. Somit ist die Überschusseinspeisung das Gegenteil der Eigenverbrauchsquote.

Überspannungsschutz

Der Überspannungsschutz ist eine essenzielle Sicherheitskomponente in Photovoltaikanlagen, die vor Schäden durch hohe Spannungsspitzen, verursacht durch Blitzschläge oder Netzschwankungen, schützt. Er bewahrt kritische Anlagenkomponenten wie Wechselrichter vor Beschädigung und sichert den zuverlässigen Betrieb der Anlage.

Verschattung

Verschattung bezeichnet die partielle oder vollständige Blockierung der Sonneneinstrahlung auf Photovoltaikmodule durch externe Objekte wie Bäume, benachbarte Gebäude oder eigene Anlagenteile. Verschattungen können die Leistungsfähigkeit einer Photovoltaikanlage enorm reduzieren, indem sie den Energieertrag der betroffenen Solarzellen verringern. Um den Energieverlust durch Verschattung zu minimieren, ist eine professionelle Planung gefragt.

Volleinspeisung

Bei der Volleinspeisung wird die gesamte von einer Photovoltaikanlage erzeugte elektrische Energie in das öffentliche Stromnetz eingespeist, oft mit eigener Vergütung.

Wallbox

Eine Wallbox ist eine fest installierte Ladestation für Elektrofahrzeuge, die häufig an privaten Wohnorten, in Garagen oder auf Firmenparkplätzen montiert wird. Sie ermöglicht ein schnelleres Aufladen als Standard-Haushaltssteckdosen und bietet zusätzliche Sicherheitsfunktionen, um das Risiko von Überlastung oder elektrischen Störungen zu minimieren. Wallboxen können verschiedene Ladeleistungen bieten und sind oft mit intelligenten Funktionen wie App-Steuerung oder Ladezeitplanung ausgestattet.

Watt (Leistung)

Watt (W) ist die Einheit der Leistung. Sie definiert, wie schnell Energie umgesetzt oder übertragen wird, wobei ein Watt gleich der Umsetzung von einem Joule (J) Energie pro Sekunde entspricht. Die Einheit wird häufig verwendet, um die Leistung von elektronischen Geräten und Photovoltaikanlagen zu beschreiben.

Wechselrichter

Der Wechselrichter ist ein
wesentliches Element in
Photovoltaikanlagen, das den
von den Solarzellen erzeugten
Gleichstrom (DC) in für Haushalte und Unternehmen nutzbaren Wechselstrom (AC)
umwandelt.

Wechselstrom (AC)

Wechselstrom ist eine Form
von Elektrizität, bei der sich
die Richtung des elektrischen
Stroms periodisch ändert, im
Gegensatz zum Gleichstrom,
bei dem der Stromfluss konstant in eine Richtung erfolgt.
Für die meisten Anwendungen
im Haushalt wie etwa Elekt-
rogeräte wird Wechselstrom
benötigt. Da die Photovoltaik
jedoch Gleichstrom (DC) liefert,
ist ein Wechselrichter erforderlich, um den Gleich- in Wechselstrom umzuwandeln und ihn
somit nutzbar zu machen.

Wirkungsgrad

Der Wirkungsgrad einer Photovoltaikanlage beschreibt das
Verhältnis der aus Sonnenlicht gewonnenen elektrischen
Energie zur Gesamtenergie des
einfallenden Sonnenlichts. Ein
höherer Wirkungsgrad bedeutet
eine effizientere Energieumwandlung.

Zweirichtungszähler

Ein Zweirichtungszähler ist ein
Messgerät, das sowohl den
Energieverbrauch aus dem
Stromnetz als auch die ins Netz
eingespeiste Energie misst. In
Photovoltaikanlagen wird er
eingesetzt, um die Menge des
selbst verbrauchten Solarstroms sowie den Überschuss,
der ins öffentliche Netz eingespeist wird, zu erfassen. Zweirichtungszähler sind wesentlich
für die Abrechnung und das
Management von Netzeinspei-
sung und Eigenverbrauch in
Solarstromsystemen.